短视频编剧 全流程

选题构想＋脚本制作＋剧本策划＋镜头拍摄＋AI创作

柏松◎编著

化学工业出版社

·北京·

内 容 提 要

10大核心秘籍，从选题方向、主题策划、脚本创作、故事情节、台词表达、镜头语言等角度，教你学会编写故事＋情节架构＋心理分析。

129个写作技巧，涵盖抓住热点、制作热度、设置转折、把握节奏、人物性格、情景布局、对白方式等，教你掌握编剧原理＋煽情逻辑＋冲突方法。

编出引人入胜、扣人心弦，既叫好又叫座的优秀剧本，需要认真揣摩情节线、人物线等细节，本书通过层层的内容介绍，向大家全面讲解了如何从新手成为一名优秀的短视频编剧，附录中介绍了AI剧本创作四大步骤。一本书教你从零开始掌握短视频编剧技巧。

本书结构清晰，适合刚进入短视频编剧行业的新人，短视频、网剧、综艺、剧本杀、小说、电影的创作者或策划与编辑，还可作为高校影视、剧作类专业的学习教材。随书赠送了PPT教学课件、电子教案、效果文件等资源。

图书在版编目（CIP）数据

短视频编剧全流程：选题构想+脚本制作+剧本策划+镜头拍摄+AI创作 / 柏松编著. —北京：化学工业出版社，2024.5（2025.1重印）
ISBN 978-7-122-45269-6

Ⅰ.①短… Ⅱ.①柏… Ⅲ.①视频制作 Ⅳ.①TN948.4

中国国家版本馆CIP数据核字（2024）第056907号

责任编辑：王婷婷　李　辰　　　　　　封面设计：异一设计
责任校对：王鹏飞　　　　　　　　　　装帧设计：盟诺文化

出版发行：化学工业出版社（北京市东城区青年湖南街13号　邮政编码100011）
印　　装：北京瑞禾彩色印刷有限公司
710mm×1000mm　1/16　印张13¼　字数275千字　2025年1月北京第1版第2次印刷

购书咨询：010-64518888　　　　　　　售后服务：010-64518899
网　　址：http://www.cip.com.cn
凡购买本书，如有缺损质量问题，本社销售中心负责调换。

定　　价：78.00元

短视频行业萌发于2011年，并且随着网络技术、互联网的快速发展，呈现出迅猛的增长趋势。近两年来，5G时代的来临，让短视频行业逐渐成熟、稳定，产业链也更加完善，短视频行业在未来10年也将保持快速的发展。

2023年，中国网络视听发展研究报告显示，2022年网络视听行业市场中，短视频占比为40.3%，排名第一，第二的网络直播仅占17.2%。而且，短视频用户基数大，规模增速快，2022年短视频用户规模达到了10.12亿。

其中，娱乐休闲成为用户收看短视频的主要原因，占比67.7%。由此可见，娱乐休闲类的短视频潜力很大、市场很广。

而市面上短视频编剧的书籍也较少，基于这些原因，笔者编写出本书，希望以创作出优质的短视频内容为目的，让更多想要进入短视频行业的用户少走弯路，创作出更多优质的原创短视频剧本，让自己的短视频受到更多观众的欢迎与喜爱。

本书内容可分为5大篇，希望从这5个方面给大家提供系统的知识学习。本书的内容全面，详细知识点如下。

一、选题构想篇

选题构想是创作短视频剧本的前提条件，创作者要根据自身的账号定位去确定选题方向，然后在此基础上，确定选题。在本书第1～2章中，通过选题方向、确定选题的技巧、选题维度、选题参考思路和相关内容要求等内容，向大家详细介绍了策划短视频选题的相关技巧与方法，希望可以帮助大家确定好短视频选题。

二、脚本制作篇

脚本决定了短视频编剧能否顺利、快速地拍摄出短视频，是短视频创作过程中不可缺少的步骤之一。在本书的第3~4章中,向大家详细介绍了脚本的相关内容,主要包括脚本优化技巧、要素、编写流程和编写脚本时应确定的东西等内容,希望可以帮助大家制作出明晰、可行的短视频脚本。

三、剧本策划篇

剧本是短视频编剧工作职责的重中之重,有了短视频剧本,才会有最终短视频的呈现。在本书的第5~8章中,向大家详细介绍了短视频剧本的创作技巧,具体包括剧本的基础知识、剧本的编写技巧、剧本内容创作技巧、文案和标题与剧本的配合技巧等内容,希望可以帮助大家制作出优质的原创短视频剧本。

四、镜头拍摄篇

镜头拍摄决定了短视频画面的呈现效果,要想视频画面精美、专业,就需要了解镜头拍摄的相关技巧。在本书的第9~10章中,向大家详细介绍了短视频镜头拍摄的相关技巧,具体包括镜头语言、取景构图和运镜搭配等内容,希望可以帮助大家更加熟练地使用镜头,用镜头传递画面内容,让短视频画面更显高级。

五、综合案例篇

在本书的第11章中,以短剧《错过》为例,向大家详细介绍了如何成为一名优秀的短视频编剧,并将前面10章的主要内容串联了起来,从选题策划、脚本编写、剧本创作到拍摄,内容十分全面、详尽,希望能帮助大家更加了解全书的内容,掌握成为短视频编剧的相关技巧。

由于现在AI(人工智能)的快速发展,如AI写作、AI绘画、AI短视频等逐渐普及,所以本书附录以一个案例的形式,介绍了运用ChatGPT编写《迷雾之夜》的剧本,让大家对AI创作有一个了解,大家可以举一反三,收获更多。

本书由柏松编著,参与编写的人员还有刘芳芳等人。在此感谢邓陆英、杨菲、向航志、向小红等人在本书编写时提供的帮助。由于作者知识水平有限,书中难免有疏漏之处,恳请广大读者批评、指正,联系微信:157075539。

编著者

【 选题构想 】

【脚本制作】

【剧本策划】

第7章 内容创作：打造有趣的内容形式

第8章 整体表达：文案、标题与剧本的配合

【镜头拍摄】

第9章 镜头语言：用镜头传递视频内容

【综合案例】

【选题构想】

第1章 选题方向：从账号定位出发

在开始撰写短视频剧本前，创作者一定要先了解短视频账号的定位，以及对将要制作的选题方向进行确定，并根据这个定位来策划和拍摄短视频内容，这样才能快速形成独特、鲜明的人设标签，吸引粉丝。

1.1　确定账号定位的流程和方法

账号定位是指创作者要确定自己想要做一个什么类型的短视频账号，然后通过这个账号获得什么样的粉丝群体，同时这个账号能为粉丝提供哪些价值。对于短视频账号，账号定位决定了创作者短视频剧本的选题方向。

短视频账号定位的核心规则为：一个账号只专注于一个垂直细分领域，只定位一类粉丝人群、只分享一个类型的内容。本节将介绍短视频账号定位的相关方法和技巧，帮助大家做好账号定位，为之后学习选题方向等知识打下基础。

1.1.1　明确问题

"定位"（Positioning）理论创始人杰克·特劳特（Jack Trout）曾说过："所谓定位，就是令你的企业和产品与众不同，形成核心竞争力；对受众而言，即鲜明地建立品牌。"

其实，简单来说，定位包括以下3个关键问题。

- 你是谁？
- 你要做什么事情？
- 你和别人有什么区别？

对短视频的账号定位来说，则需要在此基础上对问题进行一些扩展，具体如图1-1所示。

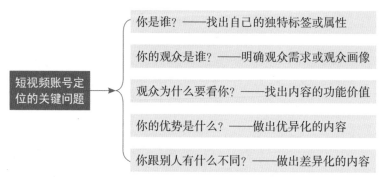

图 1-1　短视频账号定位的关键问题

以抖音为例，该平台上不仅有数亿观众，而且每天更新的视频数量也在百万以上，那么，如何让自己发布的内容被大家看到和喜欢呢？关键在于做好账号定位。账号定位的作用在于，直接决定了账号的涨粉速度和变现难度，同时也决定了账号的内容布局和引流效果。

1.1.2　了解流程

很多人做短视频其实都是一股子热情，看着大家都去做也跟着去做，根本没有考虑过自己做这个账号的目的，到底是为了涨粉还是变现。以涨粉为例，蹭热点是非常快的涨粉方式，但这样的账号变现能力较低。

因此，创作者需要先想清楚自己做短视频的目的是什么，如引流涨粉、推广品牌、打造IP（Intellectual Property）、带货变现等。当创作者明确了建立账号的目的后，即可开始做账号定位，基本流程如下。

（1）分析行业数据：在进入某个行业之前，先找出这个行业中的头部账号，看看他们是如何将账号做好的，可以通过专业的行业数据分析工具，如蝉妈妈、新抖、飞瓜数据等，找出行业的最新玩法、热点内容、热门商品和创作方向。

图1-2所示为新抖短视频数据分析平台。该平台能够帮助创作者了解爆款视频，从而发现有价值的内容和商品。

图 1-2　新抖短视频数据分析平台

（2）分析自身属性：对平台上的头部账号来说，其点赞量和粉丝量都非常高，他们通常拥有良好的形象、才艺和技能，普通人很难模仿，因此创作者需要从自身已有的条件和能力出发，找出自己擅长的领域，保证内容的质量和更新频率。

（3）分析同类账号：深入分析同类账号的短视频题材、脚本、标题、运镜、景别、构图、评论、拍摄和剪辑方法等，学习他们的优点，并找出不足之处或能够进行差异化创作的地方，以此来超越同类账号。

1.1.3 掌握方法

短视频的账号定位就是为账号运营确定一个方向，为内容创作指明方向。创作者做账号定位，可以从以下3个方面出发，如根据自身的专长做定位、根据观众的需求做定位、根据内容稀缺度做定位，如图1-3所示。

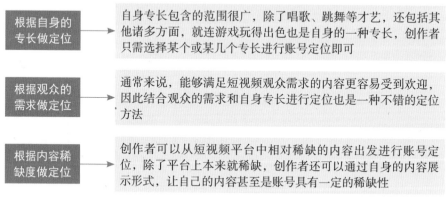

图 1-3　账号定位的相关技巧

1.2 选题的方向和抓取

确定短视频的选题相当于为短视频创作选择一个赛道，进行什么样的比赛项目、选择什么样的协助器材、取得怎样的比赛成绩等都取决于这个赛道，即选题决定了短视频的一系列创作工作。

创作者赢得了选题的优势，即相当于获得了优先出发的机会，因此创作者有必要掌握一些选题的相关内容，如选题方向、准则、热门话题抓取等。本节将简要介绍短视频选题的相关内容。

1.2.1 参考选题方向

选题方向是指为短视频创作确定一个指向标，这个指向标可以帮助创作者策划短视频的内容。创作者在选择选题时要学会抓住观众痛点，即短视频观众的核心需求，这是创作者必须为他们解决的问题。

对于观众的需求，创作者可以去做一些调研，在设置问题时最好采用场景化的描述方法。对于刚接触短视频的新手，可以参考以下6类选题方向，具体介绍如表1-1所示。

表 1-1 短视频创作的选题方向

选题类型	细分内容
搞笑类	童年故事、校园故事、职场故事、家庭故事、街坊邻里的相处
情感类	校园、职场、家庭（亲戚、亲子关系、街坊邻里的相处）、爱情、友情
职场类	职场相处、同事关系、上下级关系
科普类	人际关系、生活差异
热点类	借助热门话题二创，创作出吸引人的剧本
改编类	购买小说 IP 后，改编一些故事情节

1.2.2 遵循选题准则

从短视频创作的目标出发，大多数短视频发布都是为了获取一定的利益，最为直接的便是获得经济利益。而要实现这一直接目标，创作者需要在短视频选题上多下功夫。在参考选题方向、遵循选题原则的基础上，创作者在选择选题时还可以按照以下3个准则进行。

1. 以内容确定目标人群

创作者在确定好视频选题之后，需要定位好所做的这部分内容聚焦于哪一类人群，即确定好目标受众。与作者在写作文学作品时，会虚构出"隐含读者"一样，短视频的创作也需要虚构出一定的目标受众，即解决好发布这一视频主要是提供给哪一类人群观看。

比如，短视频创作者定位自己所要拍摄的内容是关于小个子女生的穿搭技巧分享，选题方向为穿搭领域，因此该视频主要针对的受众为想学习穿搭的小个子女生人群。

2. 确定好运营的目标

短视频创作者创作出优质的视频，且持续不断地更新视频内容，最为主要的动力是达到运营目标。不同类型的视频选题有不同的运营目标，如搞笑娱乐类的视频选题，主要的目的多是传达情感价值来获取观众的关注；生活类的视频选题，主要的目的是传达干货知识来获取观众的信任，从而为短视频带来更多的流量。

创作者应结合自己的视频选题方向，来确定好运营的目标，以督促自己持续性地投入视频的创作。

3. 选题贴近大众生活

若是短视频创作者想要快速地获取流量或利益，可以考虑选择贴近大众的选题。从大众的口味出发，创作出大众喜闻乐见的视频内容。纵观人类发展的长河，大众最感兴趣的内容不外乎情感类的内容，事关亲情、友情、爱情这3大类情感问题的视频内容，多会引起人们的关注。

因此，短视频创作者可以从这一角度出发，设计出关于情感的故事情节来创作视频内容，以获得更多观众的关注，从而为视频带来更多的流量。

1.2.3 参考热门话题

好的选题是创作优质视频的基础，往往一个热门的选题能够给视频带来非常高的初始热度。下面就为大家介绍怎么选择热门选题。

在短视频平台中存在各式各样的话题，所以选题方向众多。在思考如何选择选题的情况下，可以参考已有的热门话题，然后将话题融进自己的短视频。

1. 女性向话题

在中国的经济市场中，女性消费占比较大，对经济社会起着非常重要的作用。在一个家庭中，女性往往扮演了多种角色，且掌握了消费决策权，这也说明了女性消费市场是一个潜在的广阔市场，所以女性向的话题往往是热门话题。那么，女性向话题主要有哪些呢?

（1）穿搭

所谓衣食住行，衣是首位。一个人的穿搭往往能够看出一个人的性格。如今，越来越多的女性注重改变自己，不光从发型、妆容等方面，穿搭也是众多女性所关注的热门话题之一。

短视频平台中的穿搭是比较热门的一个话题，尤其是女性穿搭。同时，穿搭类视频还进行了细分，如"155小个子穿搭"等。目前，在短视频平台中，穿搭视频的内容主要是各种各样的穿搭模板，创作者可以根据自己的喜好进行选择。

（2）护肤

护肤也是女性向话题中必不可少的一个话题。现在的女性越来越注重保养自己的皮肤，因此也就产生了许多关于护肤类的视频。目前，在短视频平台中，护肤类视频的话题一般有护肤单品的推荐、护肤知识的科普等。

（3）彩妆

毫无疑问，彩妆必是女性的话题其中之一。一般来说，与彩妆类话题相关的视频主要包括4种。第1种是彩妆单品推荐视频，如图1-4所示，现在很多女性都会从这类视频中挑选自己所要购买的商品；第2种是彩妆试色类视频，如图1-5所示，彩妆的试色视频一定程度上能帮助女性作出选择；第3种是仿妆类视频，仿妆教程对创作者的技能要求比较高，不仅要求创作者会化妆，还需要其掌握仿妆对象的化妆方法；第4种是化妆教程类视频。

图 1-4　彩妆单品推荐的视频

图 1-5　彩妆试色类视频

（4）时尚

时尚这个概念比较宽泛，有时尚单品推荐、时尚穿搭技巧等，因此创作者可以根据其排行等相关信息，选取合适的关键词。

2. 学习技能类话题

在短视频平台上，学习技能类的话题也占有一定的比例。对于一些能够帮助观众提升自己知识储备的视频，也会引起观众的观看兴趣。

（1）读书笔记

读书笔记主要包括一些读书笔记的分享、书单推荐等。这种视频可以是图文视频的形式，也可以是创作者出镜为观众介绍书籍的形式。

（2）工作学习

工作学习一般以干货类视频为主，如工作计划、学习计划、日常学习、时间管理等。想要选择这类话题的人最好是有相关的理论知识，或者自身有一定的经验、方法，然后能够根据自己的知识储备和经验来创作。

在编写这类短视频剧本时，创作者需要将自己的学习或者工作的相关经验写进去，这样所发布的相关视频才能更有说服力。

（3）手工制作

手工制作的领域很广，不同的分类下面又有着不同的种类。这类内容都要求创作者有一定的专业知识。

手工制作这个话题本身就存在着互动性及趣味性，而且简单的手工制作也不是很难。因此，一些喜欢手工制作的，且有一定手工制作能力的人可以选择这个话题进行视频剧本创作，如图1-6所示。

图1-6　手工制作类视频

3. 出行攻略类话题

随着经济的不断发展，人们生活逐渐富足，越来越多的人会在假期外出旅游。而网络技术的发展，给了人们能够在网络上搜索攻略的机会，短视频平台便是其中之一。在短视频平台中，出行攻略类的热门话题主要包括旅行和探店两种。

（1）旅行

很多短视频平台的创作者在自己旅行后，会将旅途中的风景分享出来，而这些优美的图片能够吸引更多的粉丝关注。此外，创作者们在自己旅行之后还可以将自己的攻略发布出来，这样每当有观众在去景点游玩之前，便可以搜索到你的视频。

（2）探店

探店与旅行有相似之处，都是创作者自己去实地体验之后，向观众分享自己的真实感受，提供一些种草或排雷的建议，如图1-7所示，有的视频还会加入团购的标签。

图 1-7　探店类视频

4. 生活记录类话题

在短视频平台中，生活记录类的话题是必不可少的，而且在平台中，不管是学生还是宝妈，都乐意在平台中分享自己的生活。目前，在短视频平台中，生活记录类的相关话题主要有以下5种。

（1）搞笑视频

搞笑视频一般比较热门，大多数人都喜欢在放松的时候观看搞笑视频。一般来说，搞笑视频的题材有很多种，如童年趣事、校园趣事、职场趣事、家庭趣事和生活趣事等，如图1-8所示。

图 1-8　搞笑类话题视频

（2）宠物日常

一些喜爱宠物自己却未能养宠物的观众可能在网络上关注这一类型的话题。并且，一些宠物的搞笑剧情向视频也能够很好地吸引观众的注意，使观看者感到治愈，如图1-9所示。

图1-9　宠物日常类话题视频

（3）晒娃日常

在短视频平台中，晒娃也是热门话题之一。随着亲子节目的走红以及网络的快速发展，越来越多的父母喜欢将自己的娃展现在网络上。通过将自己与萌娃的日常相处拍摄、发布出来，也能够吸引一大群观众的关注，如图1-10所示。

图1-10　晒娃日常类话题视频

（4）生活日常

生活日常这个话题中包含着许多种类，也能够与其他的话题进行合并，如工作日常、护肤日常等，如图1-11所示。

图 1-11　生活日常类话题视频

（5）家居装潢

家居装潢类话题主要包括租房改造、家居装修、家居好物推荐等，如图 1-12 所示。

图 1-12　家居装潢类话题视频

1.3 选择选题的技巧和原则

想要制作出一个优质的、火爆的短视频，创作者在选择选题的时候除了要参考热门话题、贴近大众生活等，还需要掌握一些技巧，遵循一些原则，以此来更好地确定选题。本节主要介绍选择选题的技巧和原则。

1.3.1 事件精小

在策划选题时，事件精小主要指的是事件短小、精练。在拍摄短视频时，由于在一些平台上发布视频时会有时长的限制，所以短视频的时长很短，一般只有几分钟，如图1-13所示。因此，创作者在选择选题的时候，最好选取一些小的事件。

图 1-13 短视频时长有限制

事件涵盖繁杂、内容庞大烦琐、人物多，创作这种短视频，往往会因为时长过短，而达不到自己想要表达出的效果，让故事流于表面，没有深层的内涵，而且大部分故事都会因此而丢失主题。

比如，创作者改编一个爱情小说IP，该小说的内容非常繁杂、讲的人物很多，且性格各异，但是都跟主角有关联，前期男女主的故事发展进度又非常慢。这时，创作者就不能完全照搬小说原著，因为短视频有时长的限制，所以需要创作者对其有一定的改编与创作。

由于是爱情小说，所以创作者可以删减一些跟男女主联系不大的人物与情节，在不影响故事主线的情况下，将原本故事中一般的情节进行缩减。创作者在改编该小说故事的时候，最主要的就是只提取一些男女主的高光情节，突出主线，但同时也要注意故事的连贯性。

事件精小才能让故事更为深入，创作者在编写的时候才能将故事更完整地叙述出来，这样既不影响故事的主线发展，又使其适应了短视频这一体裁。

1.3.2　立意深刻

目前，市面上不乏一些人气火爆的影视作品，但是有一些作品在网上却褒贬不一，被"贬"的那些作品，主要就是立意没有做好，所以受到了极大的质疑和抨击。

在写作中，立意主要是指文章作品的主题、文意，但是立意所涵盖的内容又大于主题。立意表现的是作品的思想深度，是衡量一个作品是否优质的关键因素。短视频创作者在策划选题的时候，要从自身想表达的立意出发，挑选出最合适的选题，方便之后的创作与改编。

在创作剧本时，创作者就要考虑该短视频剧本的立意，不能想到什么就去写什么、拍什么，即使这个视频受到了很多人的喜爱与欢迎，但是它所能维持的热度和时间是极为有限的，因为它既不能让人印象深刻，又不能引人思考、发人深省。

立意可大可小，但是要有。比如，在创作家庭关系的剧本时，不能是浅层次地讲述家庭的日常，可以通过一个小的事件，引发出家庭层面、社会层面的现实问题，放大该问题，让立意更为深刻，从该事件中带给观众一定的启示，如图 1-14 所示。

图 1-14　立意深刻的短视频示例

图1-14中的短视频就是通过围绕"一个出生礼物引发家庭情感危机"这一小事件，表现出现代生活中，家庭间重男轻女、二胎问题等一系列社会现实问题，展示了现实生活中的家庭关系等。

1.3.3 角度新颖

这里的角度新颖指的是区别于市面上绝大多数短视频的讲述角度，从不同的、新颖的角度去讲述作品。创作者在策划选题的时候，可以从新颖的角度去观察，给人一种不落俗套的叙述方式，让别人更能感受到作品中的情感，发现平常没有发现的事物。

比如，短视频创作者通过旁观者的角度来观看家庭中的亲子关系，孩子感受到的家庭是父严母慈的景象，孩子也很害怕父亲，不敢跟其过多交流，但其实父亲是非常爱自己的孩子的，就是不想跨出交流的步伐。

面对这种情况，短视频创作者就可以采用以小见大的角度，表现出现代生活下，家庭关系的紧张，父子之间的沟通交流存在一定的问题，从一个家庭反映出整体社会存在的状况，如图1-15所示。

图 1-15　角度新颖的短视频示例

1.3.4 凝聚情感

除了上面说的三点，创作者在策划选题的时候，还需要关注情感方面的内容。记得小时候写作文的时候，记叙文能略胜过议论文的前提，往往都是文章中的情感描写到位了。

一个优质的短视频，其中必须有能够引起人共鸣、引发情感交流的内容，这样的短视频才能够让观众对自身的账号及其短视频产生情感的寄托，进而成为你的粉丝。

比如，创作者可以从亲情这一角度出发，创作出一个温馨的故事。前面是父母突然不关心你，后面解开谜团，讲述前面不关心你的原因，然后升华情感，将父母对你的爱淋漓尽致地体现出来，让观众在看到这条短视频时，产生强烈的情感共鸣。

图1-16所示为凝聚情感的短视频示例。该视频中通过孩子发烧这一件事情，体现出母亲对孩子的关心与爱，从而引发观众产生情感的共鸣。

图 1-16　凝聚情感的短视频示例

★ 温 馨 提 示 ★

凝聚情感首先需要短视频创作者真正体会到故事中的情感，这样创作出来的故事才是最为打动人的、最接地气、最具有感情的。

1.3.5　故事性原则

故事性原则，是指短视频选题要侧重故事性，要能够吸引观众的注意力，牢牢抓住观众，产生情感的牵绊，让观众能够对该视频念念不忘。

比如，创作者可以选择市井烟火气味非常浓厚的话题，例如早上去菜市场买菜，和卖菜的老板产生争执，最后因为你帮助了老板一件事，使其对你道歉，然后你们俩一起坐在粉店门口吃早餐。这个故事虽然平常、普遍，但是正因为它的平常，能让更多的人感同身受，引起观众对这件事情的思考，如"世界上还是好人多""果然还是善良好""善良的人终会有好报的"等。

图1-17所示为北方人去南方菜市场买菜的短视频示例。在该短视频中，通过作者对菜的一些要求和卖菜老板的回应，让观众看到了南方菜市场中老板的善意，以及南北菜市场的差异，这种视频既具有故事性，又能让许多观众产生观看的兴趣。

图 1-17　具有故事性的短视频示例

★ 温馨提示 ★

创作者在策划选题的时候，要遵循故事性原则，话题要有故事性，要尽可能接地气，否则容易拉开视频与观众之间的距离，让观众无法感同身受。

创作者要从最平易近人的角度去讲述故事，让观众有代入感，这样的短视频才会更受欢迎。

1.3.6　震撼性原则

震撼性原则区别于故事性原则，主要是指短视频的选题需要具备震撼感，能够让观众体会到美学层面的震撼，从而净化心灵、升华情感。

图1-18所示为具有震撼性的短视频示例。在该短视频中，作者去了博物馆，在博物馆中拍摄了许多文物，让观众感受到文化之博大精深，观看了这个短视频

的观众，能够从心里产生对文物的感叹，在观看的同时，仿佛可以透过这一件件的文物，感受当时那个年代的一切。

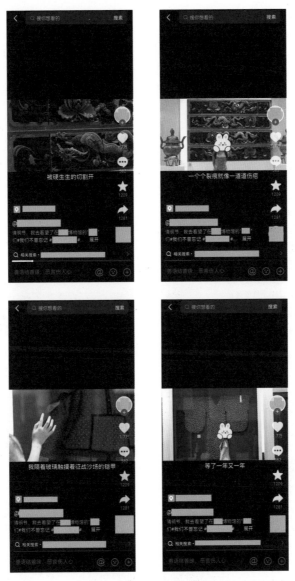

图 1-18　具有震撼性的短视频示例

1.3.7　价值性原则

价值性原则是指创作者在策划选题的时候，突出价值，通过揭露阴暗面，批判社会现实，从而引发对自身、社会的思考。

图1-19所示为具有价值性原则的短视频示例。在该短视频中，通过对职场霸凌行为的讲述，将其照进现实，对现实生活中的这种行为进行了一定的审视与批判，具有一定的思考意义。

图 1-19　具有价值性的短视频示例

第 2 章　选题策划：选择直击观众的主题

选题策划具体指的是短视频内容涉及的领域、涵盖的方面、传达的意图等，好的选题策划能够成就好的视频剧本、好的视频效果，因此创作者应对选题策划予以重视，选择一个可以直击观众的主题。

2.1 短视频选题的 5 个维度

具体而言，短视频创作者在正式进入选题阶段时，还需要考虑选题的影响因素，即选题的不同维度，选择合适自己的且自己感兴趣的选题，才能保持短视频创作的持续性。本节将简要介绍短视频选题的5个维度，为创作者提供参考。

2.1.1 高频关注点

短视频创作者在拟选择一个话题时，需要从效益性出发，考虑这个话题是否为短视频观众的高频关注点，这关系到短视频发布后的粉丝数、点赞数、转发量等利益转化数据。因此，短视频创作者在选择选题时，应尽量靠近观众的高频关注点。

而判断一个话题是否为观众的高频关注点，创作者可以通过分析同类视频账号、搜索同类内容的视频排名、进行问卷调查、结合自己的生活经验等方式来进行，详细说明如图2-1所示。

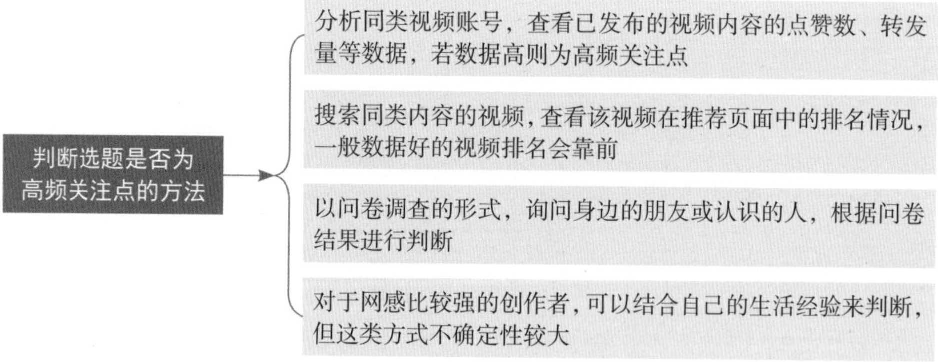

判断选题是否为高频关注点的方法

分析同类视频账号，查看已发布的视频内容的点赞数、转发量等数据，若数据高则为高频关注点

搜索同类内容的视频，查看该视频在推荐页面中的排名情况，一般数据好的视频排名会靠前

以问卷调查的形式，询问身边的朋友或认识的人，根据问卷结果进行判断

对于网感比较强的创作者，可以结合自己的生活经验来判断，但这类方式不确定性较大

图 2-1　判断选题是否为高频关注点的方法

★ 温 馨 提 示 ★

对短视频创作者而言，网感是指创作者对短视频平台的敏感程度，具体是指能够感知到哪类视频内容一定会受到观众的喜欢，哪类视频内容不太可能获得关注度。

网感的建立要求创作者有丰富的互联网"冲浪"经验、极强的洞察力和敏锐的判断力，对新手创作者而言是需要日积月累的。

2.1.2 选题难易程度

短视频创作者在确定选题时，需要考虑拟选话题的可行性。一般而言，高质量的视频选题必定是具有一定难度的，它需要花费大量的时间、精力和金钱来制作，但是制作完成的效果也是与投入成正比的。

从短视频的价值来看，高难度的选题意味着高价值，而高价值的视频内容观众是极为认可的。因为短视频观众大多也是具有鉴赏力的，他们通过观看视频，或多或少能够察觉出这个视频的制作程度、意义何在及投入多少。

比如，短视频创作者"老帅好我叫何同学"以自制高科技产品为内容，输出高科技产品的价值。由于科技产品的制作难度大，其视频更新的频率也较低，他的一条视频需要投入几个月的时间和重复多次的实验才能发布，所以他的视频策划选题难度很大。但也正是因为投入大，他的视频制作精良，受到上百万网友的青睐。图2-2所示为该短视频创作者发布的、制作难度较大的短视频示例。

图 2-2　制作难度较大的短视频示例

2.1.3　建立差异化

差异化是指区别于同类事物的特征，如人的名字，则是用于区分不同的人的符号。或许名字还不够具有差异化，因为纵观全球，总有取相同名字的人。那么，人的指纹呢？相比较而言，人的指纹是个人独有的一个重要特征，虽然肉眼难以识别，但不可否认指纹是具有差异化的一个事物。

短视频亦如此，在短视频平台的"深海"中，相同的视频内容输出、相同的视频账号不可避免，而为保证个人的独创性，短视频创作者需要建立差异化。借助独特的账号名称或独创的视频风格来获得与同类账号的竞争优势，以提高账号的识别度，有助于提高粉丝的黏性。

比如，短视频创作者"厨子与驴"的视频内容为"不着调"的创意发明展示。他通过展示"挠痒八音盒、电灯泡夜灯"等奇怪且有创意的发明，再配合生活化的故事情节，创作出了生动有趣的视频内容，获得了一千多万粉丝的关注。该账号内发布的视频风格一致，但视频内容都独具特色，令人难以模仿。图2-3所示为该账号内发布的具有差异化特征的视频示例。

图 2-3　建立差异化的短视频示例

2.1.4　不同的叙述视角

选择以何种视角来进行叙事，也是短视频创作者在确定选题时需要考虑的问题，不同的视角会影响观众的观看体验，进而影响短视频的呈现效果。在短视频的创作中，常用的视角有以下几个，且不同的视角发挥着不同的作用。

（1）第一视角：指站在粉丝的视角来制作视频。创作者以这一视角制作视频时，通常会在视频中以"我们"自称，代表创作者与观众是一体的，给观众的感受是较为亲切的，容易感染观众的情绪。第一视角比较适用于分享好物类的选题，站在观众的角度来分享，更具有说服力。

（2）第二视角：指短视频创作者类似于运动场或竞技场上裁判的角色，从这一视角出发创作内容，基本处于中立的状态，适合制作比较客观、少有主观性思想的视频选题，如产品测评。

（3）第三视角：这一视角类似于观影时的观众，属于视频内容之外的"局外人"。第三视角比较适合剧情解说类视频选题，可以营造出与观众一同观影的效果。

2.1.5　行动成本的高低

行动成本的高低影响了短视频价值的高低。所谓行动成本，是指短视频选题对观众影响的大小。对技巧类的选题内容影响较为明显，具体指观众在观看完技巧类的视频之后，实践其技巧所花费的时间成本。

一般而言，行动成本越低，则意味着短视频选题的效益越高。如短视频创作选题为分享如何制作一道美食，其食材简单、烹饪手法简单且口味绝佳，则说明该视频的行动成本较低，观众在观看完之后会产生较大的兴趣，而该视频产生的效益会较高。

2.2　短视频选题的参考思路

短视频创作者在掌握了短视频选题的相关原则、准则及维度等理论之后，将正式进入到选题的实践中，可以从对标竞品、观众的反馈、不同类型的热点等方面出发来选取短视频制作的话题。本节将简要介绍策划这些不同的短视频选题的思路。

2.2.1　对标竞品

对标竞品，主要是指分析同类账号的数据来确定自己的选题。一般而言，创作者在决定进入短视频行业之前，多少会有大致的、想要制作的视频内容方向，如创作者以自己会演戏为特点，想要制作剧情类的视频。

对于这类创作者，运用对标竞品的方式，主要在于分析剧情类视频中比较火爆、各方面数据比较好的头部账号，查找出其视频火爆的原因，进而确定自己的选题方向。

或许，还有一些短视频创作者可能对于选题没有一丁点方向，不知道该如何下手。那么，对这类创作者而言，运用对标竞品的方式，则在于分析各行各业或自己所了解的、具有极大影响力的视频账号，查看其各方面的数据，从中寻找出比较受粉丝欢迎的主题作为自己的选题。

需要注意的是，对标竞品这类选题只是充当选题借鉴的作用，从短视频的长远发展来看，创作者应尽量保持独创性或具有自己特色的内容输出。

2.2.2　观众的反馈

观众的反馈是策划表现观众想法、满足观众需求的选题的有效来源。对于短视频创作，观众的反馈可以从视频的评论功能中得知。

在制作视频初期，创作者可以从其他视频创作者的账号下寻找观众的反馈，若创作者在自己喜欢的、优秀的视频下找到了可以作为选题的观众的反馈，那么在无其他因素干扰的情况下，这个选题成功的概率会很大。

2.2.3　不同类型的热点

不同类型的热点实际上是借助当下流行的元素来充当选题的，包括时事热点、节日热点和平台热点3种类型，详细介绍如下。

1. 时事热点

时事热点指由社会、民生、娱乐等方面引发的热门讨论话题。这类热点的特点是爆发性强、流量大，创作者可以从中提取核心的关键词进行选题创作，发布视频来获得高流量。

但这类选题需要保证时间的准确性，无法提前，也不能延迟，否则容易丧失最佳时机，而且制作这类选题的视频，创作者尽量不要抱有太大的期望，避免视频结果不佳，失去制作视频的信心。

2. 节日热点

节日热点指重大节日、节点，如中秋节、双十一等。短视频创作者可以借助这类热点，提取其中的元素，作为视频选题，以实现视频的高关注度。比如，中秋节即将来临之际，短视频创作者可以从人文角度出发，讲述一个关于家人团圆的温馨故事作为视频的输出内容。

3. 平台热点

平台热点指各个平台举办的活动、热门话题、热门音乐等。这类热点的特点是发生的频率高、容易模仿且有效时限较长。创作者可以融合自己的专业所长去参与相应的活动作为视频的选题，既输出了视频内容，又能够获得更多的流量。

2.3　内容拍摄要求和题材

有些观众在刷到有趣的视频之后会点击关注，但并不会专门去看这些博主的新视频。所以，创作者的短视频只有上热门被推荐，才能被更多人看到。而要想让自己的视频上热门，最好的方法便是打造一个爆款内容。那么，怎么打造爆款内容呢？本节我们便来看一下短视频内容的拍摄要求和题材。

2.3.1　确定剧本方向

短视频平台上的大部分爆款短视频，都是经过创作者精心策划的，因此剧本策划也是成就爆款短视频的重要条件。创作剧本可以让短视频的剧情始终围绕主题，保证内容的方向不会产生偏差。

在策划短视频剧本时，创作者需要注意以下几个规则。

（1）选题有创意。短视频的选题要尽量独特、有创意，同时要建立自己的选题库和标准的工作流程，这不仅能够提高创作的效率，而且还能够刺激观众持续观看的欲望。比如，创作者可以多收集一些热点加入选题库中，然后结合这些热点来创作短视频。

（2）剧情有落差。短视频通常需要在短时间内将大量的信息清晰地叙述出来，因此内容通常都比较紧凑。尽管如此，创作者还是要脑洞大开，在剧情上安排一些高低落差，来吸引观众的眼球。

（3）内容有价值。不管是哪种内容，都要尽量给观众带来价值，让观众认为值得为你的内容付出时间成本，来看完你的视频。比如，做搞笑类的短视频，那么就需要能够给观众带来快乐；做美食类的视频，就需要让观众产生食欲，或者让他们有自己动手实践的想法。

（4）情感有对比。短视频的剧情可以源于生活，采用一些简单的拍摄手法，来展现生活中的真情实感，同时加入一些情感的对比，这样的内容更容易打动观众，并且带动观众情绪。

（5）时间有把控。创作者需要合理地安排短视频的时间节奏，以抖音为例，默认拍摄15秒以内的短视频，这是因为15秒左右的短视频是最受观众喜欢的。一般而言，短于7秒的短视频不会得到系统推荐。如果剧情内容比较完整，时长可以稍微长一些，但是也尽量控制在1~2分钟，时长太长的视频观众很难坚持看完，特别是在没有粉丝基础的前提下。

策划剧本，就好像写一篇作文，有主题思想、开头、中间以及结尾，情节的设计是丰富剧本的组成部分，也可以看成是小说中的情节设置。一篇成功的吸引人的小说必定少不了跌宕起伏的情节，短视频的剧本也是一样的，因此在策划时要注意3点，具体内容如下所述。

（1）构思切中观众要害，让观众产生兴趣。

（2）情节满足观众需求，让观众乐意买单。

（3）内容容易引发共鸣，触动观众的情绪。

2.3.2　4大基本要求

究竟还有多少创作者并没有深入了解短视频及其平台？快手和抖音等短视频平台只是为创作者搭建了一个平台，但是具体的内容创作还是需要靠创作者自己摸索。下面就来对短视频平台目前最热门的视频做个总结，给大家提供一些参考和方向，希望能帮助短视频创作者少走弯路。

首先对于上热门，短视频平台官方都会提出一些基本要求，这是大家必须知道的基本原则，下面介绍具体的内容。

1. 个人原创内容

短视频上热门的第一个要求就是：上传的内容必须是原创短视频。那么，应该拍摄什么内容呢？其实，短视频的内容选择很简单，创作者可以从以下3个方面入手。

（1）用短视频记录生活中的趣事。

（2）创作者可以在短视频中使用丰富的表情和肢体语言。

（3）用短视频的形式记录旅行过程中的美景或自己的感想。

比如，抖音上某博主原创了一个"假如……"系列剧情视频，该系列的视频内容有"假如孩子和家长地位调换""假如买东西要付出真心"等，都是一些日常生活中的现实问题，如图2-4所示。

图 2-4　某博主的原创视频

　　另外，创作者也需要学会换位思考，站在粉丝的角度来思考问题："如果我是该账号的粉丝，我希望能够看到什么类型的短视频？"一般而言，搞笑类的短视频比较能让观众点赞和转发。但是，除此之外，观众还喜欢哪些类型的短视频，需要创作者进一步做画像分析。

　　比如，某个观众想要买车，那么他所关注的短视频大概是汽车测评、汽车质量鉴别和汽车购买指南之类的内容；再如，某个观众皮肤状态不好，想要了解和学习护肤知识，那么该观众就会关注和护肤相关的短视频账号。因此，观众关注的内容就是创作者原创内容的方向。

2. 视频内容完整

　　一般来说，标准的短视频时长在15秒左右。当然也有超过一分钟的短视频。在如此短的时间内，创作者要保证内容的完整度，相对来说是比较难的。在短视频平台上，内容完整的短视频才有机会上热门推荐，如果创作者的短视频卡在一半就强行结束了，观众是很难喜欢此类短视频的。

　　图2-5所示为抖音发布的一个不完整的短视频示例。在该短视频中，当男主角揭开面具时，画面突然弹出一个"未完待续"，整个视频就此结束且账号主页中并无相关的后续视频，便会严重影响观众观看短视频的心情，观众会降低对账号的信任度。

图 2-5　抖音发布的一个不完整的短视频示例

3. 没有产品水印

热门短视频上不能带有其他平台的水印，如抖音平台，它甚至不推荐我们使用不属于抖音的贴纸和特效。如果我们发现自己的素材有水印，可以利用Photoshop、一键去除水印工具等去除水印。图2-6所示为一键去水印的微信小程序。

图 2-6　一键去水印的微信小程序

4. 高质量的内容

在短视频平台上，短视频质量才是核心，即便是"帅哥美女遍地走"的抖音，我们也能发现其内容远比颜值重要。只有短视频质量高，才能让观众有观看、点赞和评论的欲望，而颜值只不过是起锦上添花的作用而已。

2.3.3　模仿爆款内容

如果创作者实在没有任何创作方向，也可以直接模仿当下的爆款短视频内容。爆款短视频通常都是大众关注的热点事件或者话题，模仿爆款就等于让你的作品在无形之中产生了流量。

比如，某个创作者就模仿"涂口红的世界纪录保持者"的演说风格，在短视频中添加了一些比较夸张的肢体语言和搞笑的台词，吸引了大量粉丝关注。短视频达人的作品是经过大量观众检验过的，都是观众比较喜欢的内容形式，跟拍模仿能够快速获得这部分人群的关注。

创作者还可以在抖音或快手等平台上多看一些同领域的爆款短视频，研究他们的拍摄内容，然后进行跟拍。

另外，创作者在模仿爆款短视频时，还可以加入自己的创意，对剧情、台词、场景和道具等进行创新，带来新的"槽点"，能够让模仿拍摄的短视频甚至比原视频更加火爆，这种情况屡见不鲜。

2.4　内容的生产方法

创作者要想策划出爆款短视频，还得找好内容的生产方法。本节重点为大家介绍5种短视频内容的生产方法，让大家可以快速生产出热门内容。

2.4.1　根据定位原创视频

创作者可以根据自身的账号定位，策划原创短视频内容。很多人开始做原创短视频时，不知道该策划什么内容，其实内容的选择没那么难，大家可以从以下几个方面入手。

（1）记录你生活中的趣事。

（2）学习热门的内容等。

（3）配表情系列，利用丰富的表情和肢体语言进行表达。

（4）旅行记录，将你所看到的美景通过视频展现出来。

（5）根据自己所长，持续产出某方面的垂直型内容。

2.4.2　根据模板嵌套内容

对于一些大家熟悉的桥段，或者已经形成了模板的短视频内容。创作者只需在原有模板的基础上嵌套一些自己拍摄或制作的内容，便可以快速生产出属于自己的原创短视频。

看过《夏洛特烦恼》这部电影的观众肯定对该电影中的一个桥段有着较为深刻的印象，那就是男主角在向楼下一个大爷询问女主角是否住在楼上时，大爷却记不住"马冬梅"这3个字。因此，反而问男主角："马冬什么？""什么冬梅啊？""马什么梅啊？"

这一电影中的经典片段，被某创作者借助作为模板，在保持原有台词不变的基础上，将电影中男主角的画面，换成自己出镜的画面，而电影中楼下大爷的画面则不做处理。经过这样的剪辑处理之后，这位创作者便在原有电影模板的基础上，生产出了原创短视频，如图2-7所示。

图 2-7　根据模板嵌套内容的短视频示例

这种内容打造方法的优势就在于，创作者只需将自身的视频内容嵌入到一定的模板中就能快速打造出一条新视频，而且新增的内容与模板中原有的内容还能快速产生联系。

2.4.3　加入创意适当改编

创作者也可以借用他人的素材，在此基础上进行新内容的策划。如果直接将视频搬运过来，并进行发布，那么短视频不仅没有原创性，还存在侵权的风险。因此，创作者在策划短视频时，可以适当参考他人的热门素材，但一定要增加自身的原创内容，避免侵权。

图2-8所示为借用素材打造的短视频示例。该短视频参考了某部电视剧中的大致内容，并在此基础上对故事情节、人物性格、名字等进行了一定的改编，还配备了相应的字幕，使其成为搞笑视频。因此，观众看到之后就会觉得非常有趣，便会点赞、评论。于是，这种借用素材打造的短视频，也能很快得到观众的关注。

需要特别注意的是，尽量不要参考他人在其他平台中已经发布过的视频，更不要将他人在其他平台中发布的视频照搬过来直接发布。在很多平台中，已经发布的作品都会被自动打上水印。如果创作者直接参考，那么参考的视频上同样会显示出原视频的水印。

图 2-8　借用素材打造的短视频示例

　　这样一来，观众一看就知道这是直接参考的他人的内容，而且很多平台都会对这类视频进行限流。因此，这种直接参考他人的视频基本上是不可能成为爆款短视频的。

2.4.4 紧跟平台时事热点

模仿就是根据已发布的视频依葫芦画瓢地打造自己的短视频，这种方法常用于已经形成热点的内容。因为一旦热点形成，那么模仿与热点相关的内容，会更容易获得观众的关注、点赞和分享。

比如，2023年抖音发起了"跟着抖音一站式度假"的挑战，很快就火了起来，让很多想出门旅游又没有时间出门的观众在自己所在的城市，通过打卡不同地域的美食，来体验一站式度假并发布视频。图2-9所示为模仿该热点拍摄的短视频示例。

图 2-9　运用模仿热点拍摄的短视频示例

2.4.5 打造新意制造热度

短视频创作者还可以在他人发布的视频内容的基础上适当地进行延伸，从而产出新的原创内容，这个方法的重点在于创作者要对原视频有发散思维，而且参照的对象也以热点内容为佳。

比如，有一段时间一句"去做风吧，不被定义的风"的治愈系文案在抖音平台突然火了起来，许多人对这一句文案记忆深刻。于是，许多创作者在短视频中开始结合这句台词，根据自身情况，充分发挥想象力，从而打造了关于"不被定义文学"的短视频，如图2-10所示。这种短视频大多具有幽默搞笑的成分，往往能快速吸引一些观众的围观。

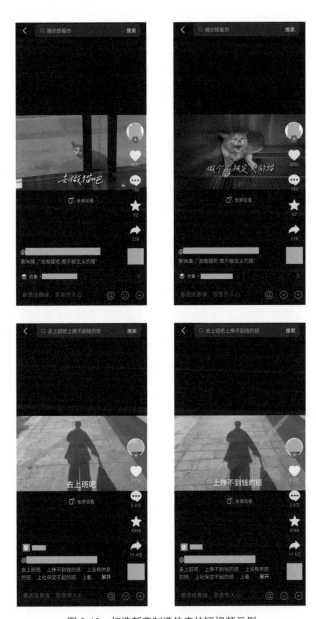

图 2-10　打造新意制造热度的短视频示例

【脚本制作】

第 3 章　脚本策划：拍摄准备的重要一环

　　对短视频来说，脚本不仅可以用来确定故事的发展方向，而且还可以提高短视频拍摄的效率和质量，同时还可以指导短视频的后期剪辑。因此，短视频创作者更需要掌握短视频脚本的写作方法和思路。

3.1　短视频脚本的基本内容

在很多人的眼中，短视频似乎比电影还好看，很多短视频不仅画面和背景音乐（Background Music，BGM）劲爆，转折巧妙，而且剧情不拖泥带水，能够让人"流连忘返"。

这些精彩的短视频背后，都是靠短视频脚本来承载的。脚本是整个短视频内容的大纲，对于剧情的发展与走向有决定性的作用。因此，创作者需要写好短视频的脚本，让内容更加优质，这样才有更多机会上热门。本节就来介绍脚本的相关内容。

3.1.1　短视频脚本是什么

脚本是拍摄短视频的主要依据，能够提前统筹安排好短视频拍摄过程中的所有事项，如什么时候拍、用什么设备拍、拍什么背景、拍谁以及怎么拍等。表3-1所示为一个简单的短视频脚本模板。

表 3-1　一个简单的短视频脚本模板

镜号	景别	运镜	画面	设备	备注
1	远景	固定镜头	在天桥上俯拍城市中的车流	手机广角镜头	延时摄影
2	全景	跟随运镜	拍摄主角从天桥上走过的画面	手持稳定器	慢镜头
3	近景	上升运镜	从人物手部拍到头部	手持拍摄	
4	特写	固定镜头	人物脸上露出开心的表情	三脚架	
5	中景	跟随运镜	拍摄人物走下天桥楼梯的画面	手持稳定器	
6	全景	固定镜头	拍摄人物与朋友见面问候的场景	三脚架	
7	近景	固定镜头	拍摄两人手牵手的温馨画面	三脚架	后期背景虚化
8	远景	固定镜头	拍摄两人走向街道远处的画面	三脚架	欢快的背景音乐

在创作一个短视频的过程中，所有参与前期拍摄和后期剪辑的人员都需要遵从脚本的安排，包括摄影师、演员、道具师、化妆师、剪辑师等。如果短视频没有脚本，很容易出现各种问题。比如，拍到一半发现场景不合适，或者道具没准备好，或者演员少了等各种问题，就又需要花费大量时间和资金去重新安排和做准备。这样，不仅会浪费时间和金钱，而且也很难做出想要的短视频效果。

3.1.2　短视频脚本的作用

短视频脚本主要用于指导所有参与短视频创作的工作人员的行为和动作，从而提高工作效率，并保证短视频的质量。图3-1所示为短视频脚本的作用。

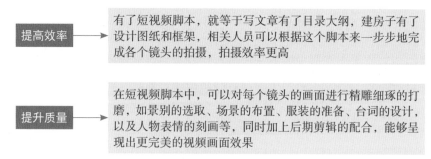

图 3-1　短视频脚本的作用

3.1.3　短视频的脚本类型

短视频的时间虽然很短，但只要创作者足够用心，精心设计短视频的脚本和每一个镜头画面，让短视频的内容更加优质，就能够获得更多上热门的机会。短视频脚本一般分为分镜头脚本、拍摄提纲和文学脚本3种，如图3-2所示。

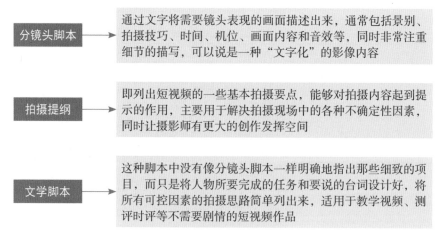

图 3-2　短视频脚本的类型

总而言之，分镜头脚本适用于剧情类的短视频内容，拍摄提纲适用于访谈类或资讯类的短视频内容，文学脚本则适用于没有剧情的短视频内容。下面为大家详细介绍这3种脚本类型的写法。

1. 分镜头脚本的写法

分镜头的每一个画面都要求非常细致，但在编写分镜头脚本时，创作者需要遵循化繁为简的形式规则，同时需要确保内容的丰富度和完整性。图3-3所示为分镜头脚本的基本编写流程。

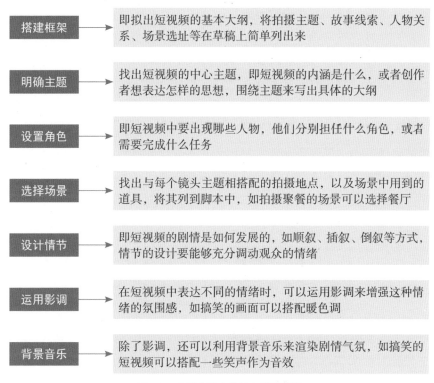

图 3-3 分镜头脚本的基本编写流程

2. 拍摄提纲的写法

拍摄提纲与分镜头脚本有很大的区别，分镜头脚本中的镜头描述都是非常详细和细致的，但是拍摄提纲主要是概要，也就是大致内容，一般用关键字词进行描述即可，如描述场景编号、内容、发生时间、地点以及主要人物等内容。拍摄提纲的基本内容如下所述。

（1）场景编号：将不同的场景分为场景一、场景二、场景三等。

（2）场景内容：主要描述人物的关键台词和主要动作。

（3）发生时间和地点：人物在哪时哪地，对于特定时间和地点，一定要明确地指出来。

（4）主要人物：主要人物是提纲的主要线索，脚本内容都是围绕人物展开的。

如果要想视频效果更加完美，可以在音乐和音效上进行发挥，为视频锦上添花。下面为摄影指导课程视频的拍摄提纲。

场景一：男生开场引出问题

男生从画外走进画面里，问摄影老师："我想在大海边上为我女朋友拍出很唯美的照片，但是我不会。"

摄影老师听完对着镜头说："不会拍的男孩子和女孩子都来认真听了。"

场景二：人物站立拍照教程

一个女生站在海边，摄影老师对着镜头指导说："首先女孩子的裙子一定要飞扬起来。怎么飞扬呢？跑起来，或者迎着海风，双手自然往后靠，这样就很唯美了。"女孩子跟着摄影的指导摆动作，然后摄影师拍照。

场景三：人物玩水拍照教程

女生在海浪中并且比耶歪头笑，摄影老师解释："这样拍就太像游客照了，要拍特写才好看。"

女生捧起海水，然后摄影老师对着女生的侧脸，进行拍照；女生激起水花，摄影师在人物前面，慢动作抓拍。

场景四：海滩插花教程

女生在海滩上插上几朵玫瑰花，摄影老师解释说："以花为前景，海为背景，不管是站着，还是躺在海滩上，随意扶花，都能拍出绝美的照片。"

场景五：全景抓拍教程

女生在海滩上走，摄影老师解释说："在夕阳下全景逆光抓拍，不管是侧面，还是背面，都很唯美。"

3. 文学脚本的写法

文学脚本也是各种小说、故事改版以后，方便以镜头语言来完成的一种脚本，如电影剧本、电影文学剧本以及广告脚本等。文学脚本比镜头脚本更加有文学色彩一些，比较注重语言的修辞和文采。虽然也具有可拍性，但是主要看导演对脚本的把握，因此有些内容不一定会按照剧本原模原样地拍摄出来。

文学脚本也会描述故事发生的时间和地点，但是一般以情节推动的方式表现，不会特意指出来。某些镜头语言上的推、拉、移，在文学剧本中，则会借助艺术形象的动作或者运动来表达。下面为大家举例电影《一个都不能少》的文学剧本节选。

山风轻轻吹着。操场旗杆顶上的旗子发出哗哗的响声。学生集合在旗杆底下举行降旗仪式。操场上响起了嘹亮的国歌声。学生唱得很认真、很用劲，歌声像一群鸽子，越过山巅，飞上蓝天，钻进了云层。国旗在歌声中慢慢降落。

降旗仪式一结束，王校长手里捧着红旗，走到队伍前面，习惯地抬头看看天，这时的太阳正在山头上晃悠。他看看学生说趁太阳没钻山，赶紧回家。王小芳、王彩霞，你们俩今天也回，来时不要忘了背粮，再带点辣子面来。学生认真地听王校长讲话。这时王校长看见村长和一个年轻姑娘不知什么时候站在队伍后面。挥挥手让学生解散。学生四下散了，好奇地看着村长和那个姑娘。

从文学剧本范例中，可以看出剧本和小说没有什么两样，不过场景和人物都描写得很直接，观众可以在脑海中想象出当时的场景。

3.1.4　脚本的前期准备工作

创作者在正式开始创作短视频脚本前，需要做好前期准备工作，即将短视频的整体拍摄思路确定好，同时制定一个基本的创作流程，具体内容如下所述。

（1）内容定位：确定内容的表现形式，即具体做哪方面的内容，如情景故事、产品带货、美食探店、服装穿搭、才艺表演或者人物访谈等，将基本内容确定下来。

（2）主题策划：有了内容创作方向后，还要根据这个方向来确定一个拍摄主题，如美食探店类的视频内容，拍摄的是"烤全羊"，这就是具体的拍摄主题。

（3）选定时间：将各个镜头拍摄的时间定下来，形成具体的拍摄方案，并提前告知所有的工作人员，让大家做好准备和安排好时间，确保拍摄进度的正常执行。

（4）选定地点：确定具体的拍摄地点，是在室外拍摄，还是在室内拍摄，这些都要提前选定。比如，拍摄风光类的视频，就需要选择有山有水或者风景优美的地方。

（5）选定BGM：短视频的BGM是一个非常重要的元素，合适的BGM可以为短视频带来更多的流量和热度。比如，拍摄舞蹈类的短视频，就需要选择一首节奏感较强的BGM。

（6）拍摄参照：最后，创作者还可以找一个优秀的同类型短视频作为参考，看看其中有哪些场景和镜头值得借鉴，可以将其用到自己的短视频脚本中。

3.2　短视频脚本的优化技巧

脚本是短视频立足的根基。当然，短视频脚本不同于微电影或者电视剧的剧本，尤其是用手机拍摄的短视频，创作者不用写太多复杂多变的镜头景别，而应该多安排一些反转、反差或者充满悬疑的情节，来勾起观众的兴趣。

同时，短视频的节奏很快，信息点很密集，因此每个镜头的内容都要在脚本中交代清楚。本节主要介绍短视频脚本的一些优化技巧，帮助大家写出更优质的脚本。

3.2.1　站在观众的角度思考

要想拍出真正优质的短视频作品，创作者需要站在观众的角度去思考脚本内容的策划。比如，自己作为观众想看到什么样的内容，以及当前哪些内容比较受观众的欢迎等。在短视频领域，内容比技术更重要，即便是简陋的拍摄场景和服装道具，但只要内容足够有吸引力，可以抓住观众的目光，那么你的短视频就能火。

技术是可以慢慢练习的，但内容却需要创作者有一定的创作灵感。就像音乐创作，好的歌手不一定是好的音乐人，但是好的作品会经久流传。比如，抖音上充斥着各种"五毛特效"，但这些短视频的内容是经过精心设计的，所以仍然获得了观众的喜爱，至少可以认为这些创作者更加懂观众的痛点。

比如，下面这个短视频账号中的人物主要以模仿各类影视剧角色的妆容为主，每个仿妆视频都恰到好处地体现了其所模仿人物的特点，而且特效也用得恰到好处，获得了很多粉丝的关注和点赞，如图3-4所示。

图 3-4　模仿影视角色妆容的短视频示例

3.2.2　注重审美和画面感

短视频的拍摄和摄影类似，都非常注重审美，审美决定了作品的高度。如今，随着各种智能手机的摄影功能越来越强大，进一步降低了短视频的拍摄门槛，不管是谁，只要拿起手机就能拍摄短视频。

另外，各种剪辑软件也越来越智能化，即使前期拍摄的画面未到达预期，经过后期剪辑处理，都能变得好看，就像抖音上神奇的"化妆术"一样。比如，剪映App中的"一键成片"功能，就内置了很多模板和效果，我们只需导入拍好的视频或照片素材，即可轻松做出同款短视频效果，如图3-5所示。

图 3-5　剪映 App 的"一键成片"功能

也就是说，短视频的技术门槛已经越来越低了，普通人也可以轻松创作和发布短视频作品。但是，每个人的审美是不一样的，别具一格的艺术审美和比较强烈的画面感都能成为短视频的加分项，能够提高竞争力，增强观众黏性。

我们不仅需要保证视频画面的稳定性和清晰度，而且还需要突出主题。在拍摄时可以多组合各种景别、构图、运镜方式，以及结合快镜头和慢镜头，增强视频画面的运动感、层次感和表现力。总之，要形成好的审美观，还需要我们多思考、多模仿、多学习、多总结、多实践。

3.2.3　设置冲突和转折

在策划短视频的脚本时，创作者可以设计一些反差感强烈的转折场景，通过这种高低落差的安排，能够形成比较明显的对比效果，为短视频带来新意。同时，也可以让观众拥有更好的视听体验。

短视频中的冲突和转折能够让观众产生惊喜感，同时对剧情加深印象，以此刺激他们去点赞和转发。图3-6所示为一些在短视频中设置冲突和转折的相关技巧。

剧情有代入感	剧情贴合观众的生活或工作场景，增加代入感
台词幽默搞笑	采用旁白进行叙事，设计能引起观众爆笑的台词
剧情容易模仿	结合正能量与反转剧情，带动观众进行模仿跟拍
人物形象反差	剧中的人物形象与角色定位或话题形成强烈反差
试听体验反差	使用与剧情形成强烈反差的背景音乐，增加噱头
加入地域对比	采用不同地域的文化习惯或生活方式形成鲜明对比
加入角色对比	设计角色的财富高低、人物年龄、人物形象等对比

图 3-6　在短视频中设置冲突和转折的相关技巧

3.2.4　模仿精彩的脚本

如果创作者在策划短视频的脚本内容时，很难找到创意，也可以去翻拍和改编一些经典的影视作品。创作者在寻找翻拍素材时，可以参考豆瓣电影平台上各类影片的排行榜。图3-7所示为2022年豆瓣最受关注综艺榜单。创作者可以借鉴排名靠前的综艺中的经典片段，将其运用到自己的短视频中。

图 3-7　2022 年豆瓣最受关注综艺榜单

图3-8所示为翻拍影视作品的短视频示例。该短视频翻拍了比较经典的影视作品，受到很多观众的关注。

图 3-8　翻拍影视作品的短视频示例

3.3　短视频脚本的 4 个要素

创作者要想写好短视频脚本，就需要抓住4个核心关键要素——立意、风格、节奏和框架。本节就来详细介绍这4个要素。

3.3.1 立意

立意是短视频脚本中最为关键的部分，只有确定好了脚本的立意，才不至于出现"文不对题、思想混乱"等现象。如果说标题是内容的总括的话，那么立意则是内容的精神内核。只有做好了立意，才能更好地提升该脚本的深度，提高短视频的质量。

立意并不难，也不需要多么的"高大上"，只需要明确就可以了。原因就是现在大部分短视频都缺乏一个明确的立意，所以导致很多观众在看完短视频之后，并不明白到底在讲什么。当然，一些搞笑类的剧情向视频，如果没有明确的立意似乎也不影响短视频的播放量、点赞量、评论量和转发量，但是不能反驳的是，如果这些短视频的立意更加明确的话，那么它的上限会更高。

立意，简而言之，就是指表达，即在创作短视频脚本的时候，你想要表达什么。而做好表达，其最后的目的是让观众理解你表达的东西，然后通过表达出来的内容产生情感上的共鸣。观众跟你产生了情感上的共鸣，才会对你的短视频内容更感兴趣，从而提高短视频的各种数据。

那么，短视频创作者应该如何来确认立意呢？最好的选择就是亲情，这个题材有能让绝大部分人产生情感共鸣的条件，在看到相关亲情的内容时，观众都有可能联想到自己，因为父母是所有人的共性。当然，兄弟姐妹之间的亲情也是非常好的选择，但是跟父母相比，产生情感共鸣的范围就没有那么广了，因为并不是每个人都有兄弟姐妹。除此之外，陌生人之间的善意也是不错的选择。

图3-9所示为让观众产生情感共鸣的短视频示例。这两个短视频分别讲了陌生人的温暖和妈妈的爱，从评论区可以看出，都让观众产生了情感的共鸣。

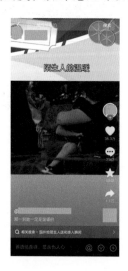

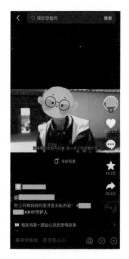

图 3-9　让观众产生情感共鸣的短视频示例

3.3.2　风格

我们在抖音、快手等短视频平台刷视频的时候，可以看到很多不同风格的账号及短视频，甚至同一类账号的短视频风格却不同。那么，创作者应该如何选择短视频脚本的风格呢？账号定位不同，风格也应不同，比如去演绎一些让人悲愤、伤心的社会现实事件，那么其风格一定不能是欢快、搞笑的。

图3-10所示为搞笑、欢快风格的短视频示例。该账号中的绝大多数视频讲的都是自己家人、朋友之间的趣事，所以每一个短视频的风格都是欢快、搞笑的。

图 3-10　搞笑、欢快风格的短视频示例

短视频风格除了要跟账号定位相符合之外，还需要有一个"反差"。风格与内容形成反差，可以产生让观众意想不到的效果，对提高短视频的流量有很大的帮助。

比如，某一个短视频账号想要推销月饼，但是直接介绍产品吸引到的流量又很少，所以想要拍摄一个反转视频，如悬疑内容。

图3-11所示为具有反差效果的短视频示例。视频中先用非常急迫的语气引导人物行动，讲述具体的行动方位等，而该人物的行为也非常像悬疑片中的角色，戴着黑帽子、耳机，背着黑包。当所有人都以为该人物是要去做什么不可告人的事情时，视频的最后产生了反转，他是去买月饼的。

图 3-11　具有反差效果的短视频示例

开头和中间都很严肃、谨慎，但是最后却是有趣的，极具反差效果。虽然这是一个推广视频，但往往比直接推销商品所产生的效果要好，自然更容易吸引到很多对月饼感兴趣的观众。

3.3.3　节奏

短视频是信息时代的产物，其发展如此快速的原因，主要是其充分利用了当代观众的碎片化时间。短视频时长短，但是内容精练、简洁明了，而且最主要的就是其节奏很快，适合现代的"快生活"。

节奏，在任何故事、剧本中都是非常重要的，如电影、电视剧、短视频等。现在很多电视剧集数多，而且每一集的时长又很长，但是看完之后，又发现整个故事情节并不需要这么多集数来支撑，那有这么多集的原因是什么呢？简而言之，就是该剧的节奏太慢，所以可以用一集时长就讲解、完成的事情，硬是要拖十多集。

因此，这类剧都会被网友们质疑，最后呈现出的效果是非常有限的。即使它满足了一部火爆电视剧的因素——颜值高、演技好、剧本好、剪辑好等，但是情节拖沓、节奏缓慢，也会拉低大家对它的好印象。

这也是短视频逐渐兴起的原因之一。在现代生活中，工作族特别是在去公司上班、下班回家的那段碎片化时间，是观看短视频的高峰期。而短视频平台推送给观众的短视频又很多，我们应该如何来抓住观众的兴趣呢？

因为时间的限制，所以观众不会在同一个视频上花费过多的时间，如果前3秒内该视频没有吸引到观众，那么观众就会直接划过该视频。要想吸引观众，短视频的前3秒内容是非常重要的。除此之外，该视频的整体节奏也需要快，质量也要好，即情节完整、表述清晰、情感到位等。

比如，能用一句话解释清楚的内容，绝对不要拖，这也是短视频的优点之一。在创作短视频脚本的时候，创作者要记得精炼情节、语言。当然，也需要有矛盾、反转、转折等信息的出现，这样才能最好地吸引观众眼球，让其产生兴趣。

比如，一个文案为"第三次见面时，就约会吧"。一看到这个文案，大家肯定想到的就是偶像剧的老套情节，如第一次见面，男女主就一见钟情；第二次又很巧碰到，感情升温；第三次见面，男女主就确立男女朋友的关系。按偶像剧的节奏，没有几集是讲不完这些内容的。

但是，要想视频节奏快、质量好，又要控制视频的时长，创作者要怎么编写脚本呢？首先就是省略一些不重要的情节，将故事主线集中在男女主的身上；其次，可以有反转，但是不能拖沓，即可以对男女主的第一次见面留一个铺垫，将其放到最后进行讲解；最后，情感升华要有层次，情感要逐步递进，不能男女主一上来直接就爱得死去活来。

图3-12所示为节奏快的短视频示例。它也讲述了一个见面3次就约会的爱情故事。但不一样的是，男女主在视频一开始就见过面，只是女主没有太大印象，而这一个隐藏的内容，留在了视频的最后，充满了反转效果。观看到这段内容的时候，会让观众觉得男女主的相遇是命中注定，所以最后在表白的时候，情感就非常自然。

图 3-12　节奏快的短视频示例

★ 温 馨 提 示 ★

在保持短视频脚本节奏快的同时，创作者也要注重脚本的质量，只有整体质量好，才能牢牢吸引观众的关注，让你的短视频有更高的传播量。

3.3.4　框架

框架主要是指短视频的脚本框架，即规划好短视频前面讲什么、中间讲什么、后面讲什么。下面就来为大家详细介绍建立一个爆款短视频内容框架的技巧。

1. 黄金3秒

短视频的前面3秒被称为"黄金3秒"，主要原因是前面3秒是吸引观众观看你的短视频最为重要的一个时间段。如果前面3秒里面，你的短视频内容没有吸引到观众，没有让其对你的短视频感兴趣的话，那么观众就会直接划过你这条短视频了，而想使观众成为你粉丝的机会就更加微乎其微。

短视频前3秒的内容，需要一个极为有吸引力的开场，主要要求如下所述。

（1）画面：画面精美，画质清晰、质感强。

（2）内容：反问、疑问式开头，引起观众的兴趣，如图3-13所示。

图 3-13　使用反问、疑问式开头的短视频示例

2. 结构化

结构化主要是指短视频中间部分的内容可以采用比较固定的模式来创作，而固定的模式主要是指制造反转与反差。在短视频中间部分，创作者可以设置一些反转、反差的内容，来引起观众的好奇心，使其对该条视频有一定的窥探欲，以

及看完视频的冲动，以此提高短视频的完播率。

图3-14所示为设置了反转内容的短视频示例。在该短视频开始的时候，男主去兼职当素描模特，结束之后还了之前捡到的女主的素描本。女主为了感谢他想邀请男主去吃饭，但是男主拒绝了。看到这里，大部分人都会以为男主对女主还没有什么感觉，结果后面就发生了反转，其实男主早就喜欢女主了，去当素描模特也是因为女主，以为是"一见钟情"，没想到居然是"蓄谋已久"。

图 3-14　设置了反转内容的短视频示例

3. 升华价值

前面讲过，一个优质的短视频一定是有立意的，那么如果想要升华短视频的价值，还需要在结尾处突出其内涵。短视频创作者在创作脚本的时候，可以在结尾升华整个脚本的立意，让该短视频的思想更上一层楼。

图3-15所示为结尾处升华了价值的短视频示例。在该短视频中，女主一直以为妈妈不知道自己辞职当小说作者的事情，所以瞒着妈妈。但是，妈妈一直都知道，而且还充当读者去支持、鼓励她。这个短视频的结尾就是，女主跟妈妈一起在谈论小说的下一章应该怎么写，最后画面中用两句话"原来她一直用自己的方式支持着我"来升华主题，体现了妈妈对女儿的爱、支持与陪伴。

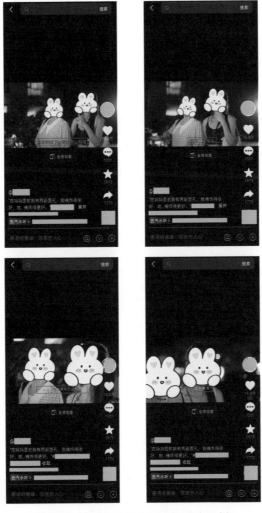

图 3-15　结尾处升华了价值的短视频示例

结尾处的升华不需要多长的时间，但是表达出来之后，却会使整个短视频的价值升华，会更容易与观众产生情感上的共鸣。

3.4 镜头脚本的相关内容

创作者要想写出优质的短视频脚本，还需要掌握短视频的镜头语言，这是一种比较专业的拍摄手法，是短视频行业中的高级玩家和专业玩家必须掌握的技能。本节就来为大家介绍镜头脚本的相关内容。

3.4.1 镜头脚本的基本元素

在镜头脚本中，创作者需要认真设计每一个镜头。下面主要通过6个基本要素来介绍镜头脚本的策划，如图3-16所示。

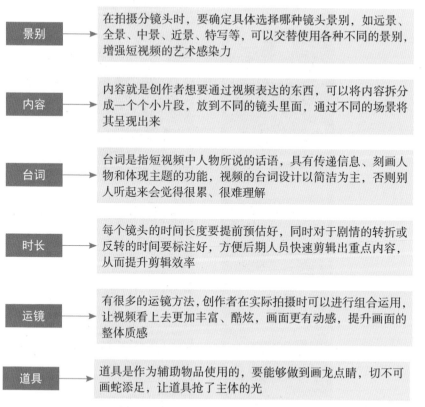

景别	在拍摄分镜头时，要确定具体选择哪种镜头景别，如远景、全景、中景、近景、特写等，可以交替使用各种不同的景别，增强短视频的艺术感染力
内容	内容就是创作者想要通过视频表达的东西，可以将内容拆分成一个个小片段，放到不同的镜头里面，通过不同的场景将其呈现出来
台词	台词是指短视频中人物所说的话语，具有传递信息、刻画人物和体现主题的功能，视频的台词设计以简洁为主，否则别人听起来会觉得很累、很难理解
时长	每个镜头的时间长度要提前预估好，同时对于剧情的转折或反转的时间要标注好，方便后期人员快速剪辑出重点内容，从而提升剪辑效率
运镜	有很多的运镜方法，创作者在实际拍摄时可以进行组合运用，让视频看上去更加丰富、酷炫，画面更有动感，提升画面的整体质感
道具	道具是作为辅助物品使用的，要能够做到画龙点睛，切不可画蛇添足，让道具抢了主体的光

图 3-16 镜头脚本的基本要素

3.4.2　影视镜头

　　影视镜头有多种拍摄手法，镜头语言也就是用镜头表达内容和情感。从镜头主体视角看，有客观镜头也有主观镜头。客观镜头多用于综艺、新闻等电视节目，用客观性角度拍摄画面，让观众产生旁观者的视角，如观察人物和欣赏风景，画面自然，贴近现实生活。主观镜头则可以让观众代入现场感，这种拟人化的视角，能让观众产生一系列的心理感应，比如恐怖片中的镜头，大部分都是主观镜头。

　　在拍摄短视频时，我们也可以采用影视镜头，来提高短视频的整体质量。无论是客观镜头，还是主观镜头，都需要用到运动镜头来表达，也就是用运动镜头拍摄到的运动画面，如用推镜头、拉镜头等镜头拍摄的运动画面。图3-17所示为影视中最常见的拍摄镜头。

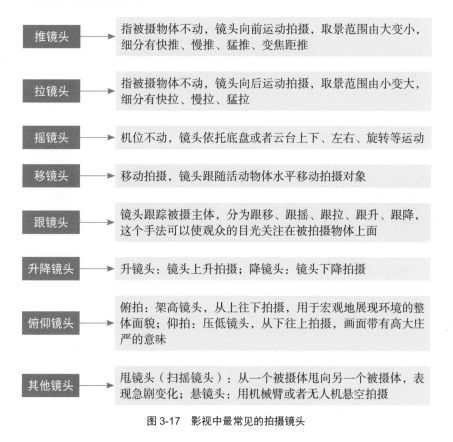

图 3-17　影视中最常见的拍摄镜头

3.4.3 镜头的常用拍摄角度

根据镜头拍摄角度的不同，可以得到8种基本的影视镜头，让你在拍摄视频的时候，选择更加丰富。

（1）正面镜头：使人物形象变得端正稳重，但一般容易显得枯燥，所以拍摄时，可以让被拍摄者把脸或者眼睛从正对着镜头的角度移开，如图3-18所示。

图 3-18　正面镜头

（2）斜角镜头：将镜头倾斜到一定的角度拍摄主体，让画面更加有趣，如图3-19所示。

（3）侧面镜头：能清楚地呈现人物的脸部轮廓，使人物更加立体好看，如图3-20所示。

图 3-19　斜角镜头　　　　　　　　　　　　　图 3-20　侧面镜头

（4）背面镜头：完全隐藏人脸，也隐藏了被拍摄者真实的想法和感受，如图3-21所示。

（5）过肩镜头：可以让观众看到被拍摄者所看到的景象。这是一种既主观又客观的拍摄方式，如图3-22所示。

（6）仰拍镜头：镜头低于被拍摄者，可以使被拍摄者显得高大，这也是拍出大长腿的一种常用角度，如图3-23所示。

（7）俯拍镜头：镜头高于被拍摄者，会使被拍摄者显得娇小一些，但微微俯拍，可以让被拍摄者的脸型更好看，如图3-24所示。

图 3-21 背面镜头

图 3-22 过肩镜头   图 3-23 仰拍镜头

（8）平拍镜头：镜头与被拍摄者处于同一水平线上，接近观众的视觉习惯，画面也显得更加稳定，如图3-25所示。

图 3-24 俯拍镜头   图 3-25 平拍镜头

第 4 章 脚本写作：指导短视频的全流程

　　一个爆款短视频能够顺利拍摄，脚本发挥着不可磨灭的作用。脚本的确定会让制作团队在拍摄以及后期制作时得心应手。可以说，一个好的脚本，能让整个短视频制作如虎添翼。那么，掌握一些短视频脚本的写作技巧也很有必要。

4.1　短视频脚本的 3 重转换

有些短视频创作者制作、发布短视频是为了表现自己，而有些创作者则是为了能够变现、赚取利润。当然，这两者都想实现的人占更大部分。想要实现这两个目的，创作者首先要写出一个受欢迎的短视频脚本。

那么，要怎么写出一个能够引起观众共鸣的脚本，从而制作出高质量的短视频，进而达到变现的目的呢？本节便来为大家介绍相关的技巧。

4.1.1　对话方式转化

首先，我们可以转换对话方式，即将公共化的对话方式转换成为私人化的对话方式。毕竟，有针对性的话语更能令人印象深刻。

一般来说，短视频的目标观众不会只有一个人，而是一群人，但是短视频的对话语境可以私人化一些，有针对性一些。因此有针对性的话语，更能够吸引观众的注意，也更能增强他们对短视频的记忆。而且，如果一句话对每个人都说，那么这句话在一定程度上便会成为一句废话。

那么，怎么进行对话方式转变呢？下面我们以某个精华护肤品为例，为大家介绍转变的基本步骤。

1. 梳理卖点

在我们拿到了短视频的脚本之后，首先应该梳理好产品的卖点，然后利用逆向反推的方法推算出用户需求的痛点。比如，该精华的卖点为含有4%烟酰胺、二裂酵母、喜马拉雅红球藻3种重要成分，能够很好地解决熬夜带来的肌肤问题。

那么，根据逆向反推的方法，便可以得出需要这款产品的用户可能是经常熬夜的群体，而且因为熬夜，对自己的皮肤状态，甚至日常生活产生了一定影响。

2. 列出用户属性

梳理好了产品卖点便找到了用户的需求、痛点，那么接下来便需要列出受众的属性了。一般来说，使用这款化妆品的受众可能是18～28岁的女性，可能是学生党、上班族、宝妈等。

3. 打造对话环境

最后一步是打造对话环境。到底是什么样的对话环境呢？即私人化的对话环境。大多数人对于那些与自己没有关系的事情是没有兴趣的，因此私人化的对话环境能够很好地吸引用户。而我们要想在黄金3秒内快速地吸引用户，则需要找一个与用户关联度高的点，然后假设一个真实、具体的用户进行对话。

值得注意的是，私人化对话是出现在脚本中的，而且其不仅仅包括台词，还包括画面语言的私人化沟通。在短视频中，打破屏幕的限制，使用主观镜头与用户进行一对一或者多对一的沟通，能够很好地提升沟通的效率。

4.1.2　对话语境转化

有的创作者喜欢使用过长的语句和专业性强的词汇，但是这些语句和词汇的使用存在着许多弊端，如读起来不顺畅、增加用户阅读和理解的成本等。因此，创作者在撰写短视频脚本时，不要过多使用专业性强、复杂的词汇。如果一定要使用一些专业词汇的话，创作者可以在视频中简单地写明或者说明这个专业词汇的具体含义。

比如，化妆品中可能会添加玻色因这一成分，但是很多用户根本就不了解这个成分是什么，有什么作用。那么，我们怎么解释说明呢？一般来说，我们只要将其作用、价值说出来就可以了，如"玻色因是保湿抗衰的明星成分，很多大牌都在用！"

短视频脚本还包括画面描述的部分。一般在文学作品中，形容词的使用能够让文章更加生动形象且饱满，但是在短视频脚本中，在描述画面的时候尽量不要使用形容词。因为在短视频脚本中，用动词能更直观地构建一个画面，也更有利于导演对脚本的理解，精准地掌握脚本的含义。

4.1.3　产品价值转化

在任何短视频中，转化是非常重要的，因此在脚本中，引导用户转化也是非常重要的一部分。在大多数产品短视频中，很多创作者都会在介绍产品的基本信息以及卖点后，便开始催用户下单。虽然这种方式有一定的效果，但是不够出彩。

一个有价值的东西用户才会去买，因此创作者可以尝试做好价值转化，学会管理用户的"心理账户"。当你做好了价值转化，管理好了用户的"心理账户"，说不定你会有意想不到的收获。

"心理账户"是营销学中的一个概念。一般来说，贵与便宜是相对的概念，两者可以相互自由转换。而创作者要想提高销量，就需要管理好用户的"心理账户"，让他们觉得买的东西是值得的，错过了就没有了，这样哪怕是贵的他们也会觉得便宜。

4.2　短视频脚本的编写流程

明白了短视频脚本的相关内容之后，创作者就可以进行脚本的编写了。本节就来为大家介绍短视频脚本的编写流程，帮助大家更好、更快速地编写脚本。

4.2.1　确认主题

短视频脚本编写流程的第一步，就是确认短视频主题，如讲述亲情的、讲述爱情的、讲述友情的等。每一个短视频创作者都有不同的想要表达的主题，确认好主题后，就可以展开脚本的编写了。

★ 温 馨 提 示 ★

需要注意的是，主题一定要明确，不能含糊不清，不然观众在看完短视频后，还不知道这个短视频讲了什么内容。

4.2.2　搭建框架

确认好主题之后，接下来就是通过主题来搭建框架。创作者可以用一个跟主题相关的故事情节来串联好脚本，从而构建出整体的故事框架。

如果创作者怕搭建不好框架，可以选择最常使用的内容框架，具体内容如下所述。

（1）总分总式：开头阐述主题，中间进行论证，结尾升华主题。

（2）解决问题式：先提出问题，然后再去分析问题，最后解决问题。

（3）2W1H式：What、Why、How。What是指问题是什么，Why是指发生这件事的原因，How即我们应该怎么去做。

★ 温 馨 提 示 ★

需要注意的是，框架一定要完整，不能只有前面、中间的部分，而没有结尾的部分，这会使得短视频脚本看起来头重脚轻。

4.2.3　细节填充

搭建完框架之后，创作者要做的就是进行细节的填充，即对脚本的大概框架中的内容进行细化。

俗话说："细节决定成败。"意思就是讲究细节能够决定故事（事件）的走向，决定这个短视频脚本是否会受到观众的喜爱与欢迎。由此可以看出，细节是短视频脚本成功的关键因素。

对脚本进行细节填充，主要是指对故事的背景、脉络、人物性格、人物背景、地点、关键物品、景别、镜头等内容进行补充。细节可以增强故事的情节性，让原本单调的内容框架有了明确的人物、情节等内容，为内容增添了色彩，使其故事性更加完整。

4.2.4　模仿精彩的脚本

其实，自己去创作短视频脚本，不仅要花费很多的时间、精力，而且还需要灵感，没有灵感的话就创作不出好的脚本故事。所以，这时候去模仿别人精彩的脚本就派上用场了。

那么，别人指的到底是谁呢？主要是指那些跟你的账号定位相差不大、粉丝多且活跃度高、内容质量高的短视频博主。下面就来为大家介绍模仿精彩脚本的相关技巧与方法。

1. 模仿精彩脚本的优点

模仿精彩脚本的优点主要有3点，具体内容如图4-1所示。

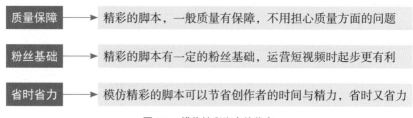

图 4-1　模仿精彩脚本的优点

2. 模仿精彩脚本的技巧

了解完模仿精彩脚本的优点之后，接下来就来为大家介绍应该如何去模仿精彩的脚本，相关技巧如图4-2所示。

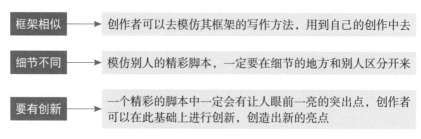

图 4-2　模仿精彩脚本的技巧

4.3 短视频脚本应确定的东西

在创作短视频脚本时，创作者应该确定好景别分类，撰写内容、演员台词和分镜时长等。本节就来详细介绍相关内容。

4.3.1 景别分类

景别是短视频脚本中不可缺少的东西，主要是指在焦距一定时，镜头与被拍摄者的距离不同，使被摄者在镜头中所呈现的范围大小有所区别。景别一般可分为5种。

（1）远景镜头：远景镜头的景别视角非常大，适合拍摄展现城市、山区、河流或者大海等风光的户外类短视频题材。

远景镜头可以分为大远景镜头和全远景镜头两类，其区别除了拍摄的距离不同，大远景镜头对主体的表达也是不够的，主要用于交代环境，如图4-3所示。而全远景镜头则在交代环境的同时，也兼顾了主体的展现，如图4-4所示。

图4-3 大远景镜头

图 4-4　全远景镜头

（2）全景镜头：全景镜头的拍摄距离比较近，能够将人物的整个身体完全拍摄出来，包括性别、服装、表情、手部和脚部的肢体动作，如图4-5所示。

图 4-5　全景镜头

（3）中景镜头：中景镜头可以更好地突出人物主体的形象，以及清晰地刻画人物的服饰造型等细节特点，如图4-6所示。

图4-6　中景镜头

（4）近景镜头：近景镜头主要是将镜头下方的取景边界线卡在人物的胸部位置上，重点用来刻画人物的面部特征，如表情、妆容、视线和嘴部动作等，而对于人物的肢体动作和所处环境的交代则基本可以忽略，如图4-7所示。

图 4-7

图 4-7　近景镜头

（5）特写镜头：特写镜头着重刻画人物某个部位的细节画面，包括手、脸部、下巴、眼睛、头发、嘴巴和鼻子等细节之处，如图4-8所示。

图 4-8　特写镜头

★ 温 馨 提 示 ★

　　近景镜头和特写镜头细分一下，还有中近景镜头和大特写镜头。中近景镜头从人物腰部左右的位置分界；大特写镜头则是对具体的五官进行集中拍摄。

4.3.2　撰写内容

　　这里的内容是指每一个脚本内容应该怎么样表达出来，撰写内容即为拆分整个脚本，并将其分到不同镜头下面去，使每一个动作都有不同的画面表达。下面就来详细介绍撰写内容的相关技巧。

　　首先，创作者需要有一个较为完整的脚本，模板如下所述。

　　　　妈妈发现了自己的女儿瞒着她把工作辞了，现在在写小说。她很伤心，自己的孩子为什么不告诉她，还偷偷瞒着她。

可是妈妈没有去质问女儿，而是暗中帮助女儿，默默支持她，做了很多事情。如订阅她发的小说；装作读者匿名发消息鼓励她；在其他读者质疑女儿写作水平的时候，站出来维护她等。

最后，女儿回家的时候看到妈妈手机里面的聊天记录，知道了妈妈就是那个一直在帮助自己的读者，她决定去找妈妈坦白。最后她们相互释怀了。

然后，创作者就需要将这个完整的脚本拆分出来，并分配不同的镜头，具体内容如表4-1所示。

表 4-1　拆分完整脚本的模板

镜号	景别	运镜	画面
1	全景＋近景	固定镜头＋跟随镜头	妈妈准备去叫女儿吃饭，在房门口时听到女儿在跟朋友打电话，知道了女儿瞒着她把工作辞了，现在在写小说的事情
2	特写	跟随运镜	妈妈非常惊讶和伤心
3	近景	跟随镜头	女儿在写小说的时候受到了很多人的质疑，对自己感到不自信
4	近景＋特写	固定镜头	女儿收到读者鼓励的消息，且回复了很多自己提出的问题
5	全景＋近景	跟随运镜	女儿回家的时候，发现了妈妈在跟别人推荐自己写的小说
6	特写	跟随镜头	女儿非常惊讶，但是没有跟妈妈坦白
7	全景	固定镜头	妈妈出门去买菜
8	全景＋特写	固定镜头	女儿在妈妈的手机里面看到了读者跟自己的聊天记录，非常震惊
9	近景	固定镜头	女儿出去找妈妈，跟妈妈坦白了一切
10	特写	跟随镜头	女儿跟妈妈相拥在一起，两人眼中含泪

4.3.3　演员台词

除了景别、内容，短视频脚本中还应该有一个重要的东西，那就是演员的台词。虽然演员可以通过眼睛、动作来表达很多的内容，但是台词还是不可忽略的，因为有时候可能会有一部分观众理解不到演员的表演，这时候台词就能让我们明确演员的表演。

而且，说台词时的语气、轻重都可以表现出不同的内容与情绪，丰富人物的形象，所以台词是必不可少的。如果短视频中有很多演员的话，创作者在脚本中就更需要明确好每一个演员的台词，以此来让观众分辨不同的角色，并使人物的形象更加立体，提高脚本的质量。

　　需要注意的是，因为短视频的时长限制，所以演员的数量不宜太多（最少3个，最多5～6个），不然会让观众眼花缭乱，而且会让人忽略主角，主题也会不明确。而且，除了主角，大部分人物形象不需要特别立体，有时候只充当"助攻"即可，这样的短视频才算得上是优质的。

★ 温 馨 提 示 ★

　　在创作短视频脚本时，创作者还需要注意以下内容。

　　（1）台词中的语气也应该写进短视频脚本。

　　（2）在创作短视频脚本时，创作者一定要注意控制台词量，既指数量，也指质量，台词要尽量精简，不能过于烦琐。

　　图4-9所示为优质的短视频示例。在该短视频中，一共只出现3个人物，即男主、女主和"助攻"。视频一开始，男主让"助攻"帮他拍摄站在讲台前的毕业照片，"助攻"接过手机，并叫了一声正在擦黑板的女主，在女主转过头来的时候，"助攻"随即拍下照片，最后画面定格在男女主的合照上面。

★ 温 馨 提 示 ★

　　有一些演员的台词可以通过内心想法来表现，即不直接让演员说出口，而是只表达情绪，在制作短视频的时候，将台词作为内心独白（overlapping sound，OS）表达出来，或者制作字幕让演员进行配音。

图 4-9　优质的短视频示例

　　这个视频的时长很短，但是所有的要素都很齐全，情感也很到位，特别是女主看男主的眼神，其实是可以感觉到女主也在暗恋男主的。相信看完这个短视频之后，观众都能体会到"未曾宣之于口的，是青涩的暗恋"这种感觉。

4.3.4　分镜时长

　　分镜时长是指每一个单独镜头的时长，如这个分镜头的台词大概需要多少秒，需要创作者提前标注明白。下面详细介绍分镜的相关内容。

1. 分镜的优点

分镜的优点主要有3点，具体内容如图4-10所示。

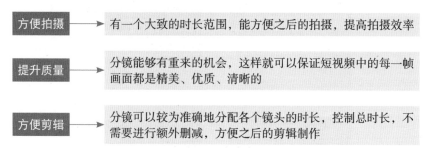

方便拍摄	有一个大致的时长范围，能方便之后的拍摄，提高拍摄效率
提升质量	分镜能够有重来的机会，这样就可以保证短视频中的每一帧画面都是精美、优质、清晰的
方便剪辑	分镜可以较为准确地分配各个镜头的时长，控制总时长，不需要进行额外删减，方便之后的剪辑制作

图 4-10　分镜的优点

2. 分镜的注意事项

当然，给出大致的时长范围并不一定就是最后的时长，有时候演员可以临场发挥，顺着自己当时的情感去拍摄，这样能给演员最大的发挥空间，从而丰富短视频脚本中人物的形象，提升整个短视频的情感氛围。

其次，在多次拍摄同一个分镜镜头的时候，千万要注意周围道具、人物的相关位置，以免最后呈现出来的画面中出现明显的穿帮。

【剧本策划】

第5章　了解剧本：创作优质剧本的基础

在进行短视频剧本策划之前，创作者一定要先了解剧本，这才是创作出优质短视频的基础。剧本的基础知识又广又杂，想要深谙其中之道，还需要创作者沉下心来，慢慢研究，这样才能写出更好的短视频剧本。

5.1 剧本基础知识

剧本，百度百科上的解释为"由台词和舞台指示组成的，是戏剧艺术创作的文本基础，是编导与演员演出的依据"。这里的"台词"指的是演员之间的对话、内心独白和旁白等内容；而"舞台指示"则是指人物、情节、环境等内容，具体包括事件发生的时代背景、时间、地点、人物形象、环境特征等内容。

剧本的主要作用是表现故事情节，是表演的重要道具，演员需要通过剧本去了解整个故事，了解背景、人物、地点等内容，剧本也是演员进行演绎的对话参考。

在剧情向的短视频中，剧本也是不可或缺的存在，但由于时长的局限性，所以短视频剧本内容较影视剧本内容要少很多。本节就来介绍剧本的基础知识，帮助大家更好地了解剧本。

5.1.1 剧本的类型

很多人不太了解剧本有什么类型，其实剧本跟我们的生活息息相关，我们在日常生活中最常见到的与剧本相关的东西，就是平时看的影视剧，它们都是在剧本的基础上被拍摄出来的。简单来说，影视剧有什么类型，剧本就有哪些类型。下面就来为大家详细介绍。

一般来说，生活中最常见的剧本可以从两个角度去分类，一个是应用范围，另一个就是剧本题材，其详细内容如图5-1所示。

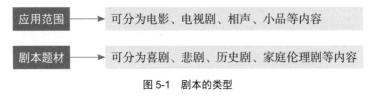

图 5-1 剧本的类型

★ 温 馨 提 示 ★

需要注意的是，表演才是最主要的，所以剧本创作者在创作剧本的时候，要处理好剧本的文学性和表演性。有的内容只适合在书面上表述出来，但是却不能真正用于舞台表演，这样就违背了剧本的原有理念。

5.1.2 剧本的结构

剧本的结构跟我们平常见过的文章一样，都是由段落构成的，那种非常长的剧本，会使用不同的单位来区分。比如，在现代生活中，内容较多的电视剧，会采用"集"为单位；而内容较少的小品，则采用"上""中""下"等作为单位。

大部分的剧本结构可分为"起承转折"。当然，不同的创作者会有不同的创作技巧，其剧本的结构也就不同了。剧本的结构具体内容如图5-2所示。

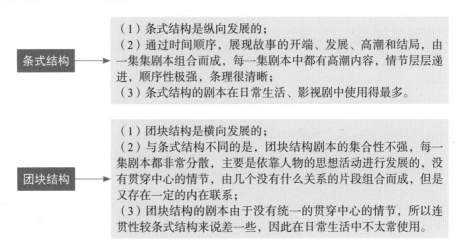

图 5-2　剧本的结构具体内容

5.1.3　剧本格式

在影视行业中有通行的剧本规范格式，短视频创作者在编写剧本的时候，也可以按照这种格式来进行创作。

为了让大家更加了解剧本的格式，下面将以具体的例子来为大家说明。

7.教室　日　内

小兰和小梅正在教室里写作业。

小兰：你陪我去上厕所吧？

小梅：可是我的作业还没有做完。

小兰：上厕所不用很长时间的。

小梅：但是等下就要交了。

小兰：你先陪我去，然后再回来继续写嘛。

小梅：我觉得我来不及了。

小兰：等下我可以帮你。

小梅：那我还是自己来吧。

小兰：先陪我去个厕所嘛。

小梅：你叫小绿陪你去。

小兰：你就陪我去吧。

小梅：你们两个怎么了，都一天没说话了。

小兰：没什么。

小梅：都是朋友，有什么过不去的。

小兰：我不知道她怎么想的。

小梅：那她跟你说过什么吗？

小兰：没有。

小梅：你打算怎么办？

小兰：反正我是不会先跟她说话的。

小梅：你怎么还像个孩子一样赌气。

小兰：也不是我一个人的错呀。

小梅：那我等下帮你跟她说？

小兰没说话，从座位上站了起来。

小梅：你快去上厕所吧，等下要上课了。

小兰：好烦，上个厕所要走那么远。

小梅：可能因为我们是高三吧。

这时候，小绿突然从教室门口进来了。小兰和小梅结束了交谈。

上面是一个剧本片段模板，下面就以它为例来为大家详细介绍剧本的一些要点，具体内容如下所述。

（1）该模板最前面的数字"7"：这里表示的是场景号，即整个剧本中的第7场戏。

★ 温 馨 提 示 ★

剧本创作者在编写剧本的时候，这个场景号可以使用 Word 文档中的自动编号功能进行填写，因为这样的话，就算中间删了或者加了戏，文档也会自动重新排序，不至于最后出现错误。

而且，也不需要自己去手动修改，会更加省时省力。

（2）模板中的"教室"：这里表示的是该情节发生的地点、场景。创作者在写场景的时候，要非常精确，如果写的场景是在公司，那么就会有很多模糊的地点，因为可以在公司的茶水间、卫生间、自己的工位上、会议室等，所以要写明具体的故事发生的场景，以免后面拍摄的时候出现意外情况。

而且，如果剧本中不止有一个相同场景的话，创作者还需要更加细化，如在教室，要具体写明是哪一间教室等。

（3）模板中的"日"：这里表示的是故事发生的大致时间，其他还可以表示为"午""晚""凌晨"等。

★ 温 馨 提 示 ★

需要注意的是，时间的表述只是一个大致的范围，创作者不需要写明详细的时间点，只要能够让别人一眼看懂就可以了。而且，简单写明即可，不需要为其展开相关的描述。

（4）模板中的"内"：这里表示的是这场戏发生的场景是外面还是室内，在房屋里面就是内景，在房屋外面就是外景。这里一般只有两个选项，所以用"内"和"外"即可进行区分。

（5）上面这些情节发生的场景交代，在编写的时候，要注意顶格书写。而下面剧本中的正文部分，则每一句开头都需要空两格，像小时候写作文时每个段落前面都要空两格一样，是标准的中文书写格式。

（6）每一个人物开始对话，都需要新起一行，就像模板中的一样。

（7）模板中的"小兰没说话，从座位上站了起来"这句话不是人物的对话内容，是该段剧本的旁白、动作内容，因此也需要新起一行。

5.1.4　剧本写作入门

要想写好一个优质的故事，创作者在写剧本的时候，要提前构思好整个故事的大体框架、主题思想、情节走向、人物形象、人物关系等内容。

1. 主题思想

提到一个好的剧本，一定要有自己的主题思想，创作者要提前就想好自己想要写一个什么样的故事，是爱情类的、玄幻类的、悬疑类的、仙侠类的、家庭伦理类的，还是历史类的等。除此之外，还有很多故事种类。

在创作剧本的时候，自己的态度也很重要。比如，想要写一个爱情类的故事，但是女主是青楼女子，如果以情爱的态度去写，那么这个故事最终呈现出来将是"男欢女爱大过天"，没有实质的价值。但是，如果怀着同情、批判的态度去写，那么最后呈现出来的将是青楼女子的无奈，反映出的是时代背景下的悲剧。

由此可见，创作者对剧本的切入态度不同，也会影响整个剧本的主题思想。因此，创作者在编写剧本的时候，要提前掌握好该剧本的主题思想，然后选择一个合适的态度去创作。

2. 有冲突

不管是情节冲突，还是人物冲突，都是剧本创作不可缺少的部分，有冲突的剧情才会吸引观众，剧情才会跌宕起伏，人物形象才会更加立体。

5.1.5　写剧本常犯的错误

一些创作者在写短视频剧本的时候，可能由于第一次写，所以对一些剧本相关的内容还不太熟悉。下面就来为大家介绍写剧本时常犯的一些错误，帮助大家在之后的剧本创作中少走弯路。

1. 写成小说

剧本写作与小说写作是完全不同的，小说的三要素是人物、情节、环境，除了写出画面，小说还需要有修辞手法，有抒情性的内容。而剧本写作则只有画面，即可以让演员们直接从文字中联想到详细的画面，没有文学性较强的句子。下面就用两个例子来让大家更加了解剧本和小说的区别。

今天是小明出发去考试的日子，坐公交车的时候，看到很多人在复习，小明陷入深思中，仿佛从中看到了未来高考时的自己。心想着"希望这次的考试和高考都顺利，不然自己真的不知道该干什么了"。

上面是以小说写作的方式写的一段文字内容，但是可以明显看出来这不是剧本，演员看到之后也不知道如何用动作表达。如果想要把它变成剧本的话，就需要在不改变整体意思的情况下，改变相关表达，具体内容如下所述。

在考试的教室里面，其他的同学正在奋笔疾书，监考老师正在教室中来回走动、观察，小明却看着自己桌上的语文试卷发呆。他想到了今天早上，他乘坐公交车时看到很多学生都在复习，拿着书在记重点，看起来很认真的样子。小明一下子就紧张了，因为自己好像没有怎么复习。

突然，有一个人喊了一声"小明"。小明回过神后望过去，原来是自己的好友。小明走过去坐在他旁边，对着他小声说："他们都好认真啊，我感觉自己更加没有希望了。"好友安慰道："说不定他们只是'临时抱一下佛脚'呢？而且，这也不是高考，你还有机会的，不要太焦虑，放心！"小明忧愁着，不知道该如何回答好友的话，只剩下叹息。

"同学们！"监考老师洪亮的声音一出，将小明从回忆中拉了回来，小明看着眼前的试卷，心想着"这次和高考，我都要顺顺利利地考好"。

剧本能让演员更加明白自己应该如何去演绎角色，所以创作者在创作短视频剧本的时候，一定要注意，千万不要将剧本写成了小说。

2. 太多的对话

剧本里面不能有太多的对话，这是什么意思呢？主要是说剧本里面除了对话，还需要有相关的背景、地点、动作等的交代。不然，如果剧本中只有人物的对话，那么它就不能称为剧本了。

比如，写在教室中的交谈，不能只写人物来回的对话，中间可以加一些人物的神态、动作，避免画面单调。

3. 故事太过复杂

在创作短视频剧本时，创作者一定不要写太过复杂的故事，即除了主角团之外，其他配角很多、故事又复杂的剧情。这样会极大地增加短视频的内容篇幅，拉长短视频的总时长。而且，除此之外，还有可能因为主次不分，导致内容偏离原本的轨道，使短视频变得四不像。

★ 温馨提示 ★

其实，越简单的故事越好，创作者可以去看一下之前火爆影视剧的相关简介，可以发现，即使是一部篇幅极长的电视剧，还是可以用一段文字就表达出它完整的故事框架，让观众一看就知道这部剧是讲了些什么。

5.2　短视频剧本格式

前面已经讲过了编剧的短视频剧本格式，而除了编剧，制作短视频还需要有导演和编导。因为各自职能的不同，所以在短视频剧本格式上面，也有很大的区别。本节就来介绍导演和编导的短视频剧本格式。

5.2.1　导演的短视频剧本格式

导演是指组织和拍摄的总领导者，在拍摄短视频的时候，导演需要对所有参与短视频制作的人员起领导作用，团结他们一起发挥出各自的才能，从而拍摄、制作出优质的短视频。

导演与编剧不同的是，编剧更加注重故事的表达，注重剧情，注重如何让演员知道该如何去演绎，而导演则更注重画面感和表达方式。因为导演要对最后短视频呈现的效果负责，所以画面如何表达、画面的审美等都是导演需要关注的内容。

导演的短视频剧本，更多的是对短视频整体画面的布局，与其职责一样，需要注重全局性和整体性，能让导演一看该剧本就知道这个场景自己想要呈现什么效果。

★ 温馨提示 ★

导演在制作短视频脚本的时候，可以提前标注好每一个场景中自己想要呈现出的效果。为了更加清晰明了，如果有相同借鉴参考的影视画面的话，导演也可以将相关图片添加到剧本的相应位置。

5.2.2　编导的短视频剧本格式

编导，顾名思义，又编义导，是"编剧＋导演"的意思，从前期的剧本创作到中期的短视频拍摄，再到后期的剪辑制作等，都是编导需要关注的。对于编导来说，工作职责涵盖了编剧和导演，是两者的结合体。

为了让大家更熟悉编导的短视频剧本格式，下面将举例来说明。表5-1所示为编导的短视频剧本模板。

表 5-1　编导的短视频剧本模板

镜号	场景	景别	画面内容	文案	声音	时长	备注
1	操场上	全景	学校各个年级的全体学生按班级排序，站在操场上	人声：今天是星期一，我们站在这里，是因为学校要宣布一件重要的事情	同学们小声交谈的声音	15s	/
2	主席台	近景	学校校长、各年级主任和各个班级的班主任坐成一排	人声：下面让我们掌声欢迎高三（1）班的班主任讲话	鼓掌声	15s	/
3	主席台	特写	高三（1）班的班主任整理了一下衣服，并调整好桌前的话筒	人声：各位老师、同学们好，我是高三（1）班的班主任×××，今天很高兴，可以和大家见面，有一件事情……	/	20s	特写镜头
4	操场上	全景＋近景	高三（1）班学生在悄悄交流	人声：什么事啊？你知道吗	讲话声	5s	从全景切换近景

镜号	场景	景别	画面内容	文案	声音	时长	备注
5	主席台	特写	高三（1）班的班主任手握着话筒	人声：昨天晚上放学的时候，学校外面发生了一起恶性事件，有一群已经退学的学生在校门口惹事，欺负了一个其他学校的学生	/	25s	/
6	操场上	近景	高三（1）班中参与了这件事情的学生相互对视	人声：他们怎么知道的啊？你告诉老师了吗	讲话声	15s	/
7	主席台	特写	高三（1）班的班主任激情讲解中	人声：但是，我们学校有两位同学非常勇敢，帮助了那个学生。所以，今天在这里，想让同学们认识一下见义勇为的同学是谁。下面有请高三（1）班的×××和×××上台	讲话声	40s	有两位班主任正在喝茶
8	操场上	中景	高三（1）班中参与了这件事情的学生站在原地	人声：可以啊，你们都这么厉害啦，什么时候干的，都不告诉我，我可以去帮你们	鼓掌声	20s	背景中的其他同学在悄悄交流
9	操场上	远景	两位学生穿过人群，往主席台走去	/	鼓掌声	40s	跟随镜头
10	主席台	特写	高三（一）班的班主任笑得非常开心，脸上都是欣慰的表情	人声：两位同学都很腼腆啊，不要害羞，往这边来	/	20s	/

这个表只是短视频剧本中的一部分，从该表中可以看出，创作者将拍摄时的所有内容都做了明确的指示，包括镜号、场景、景别、画面内容、文案、声音、时长及备注等。这样操作，可以让编导参与短视频制作的全过程。

编导创作剧本，要将所有的内容都清晰地展现给所有的工作人员看，让他们都能明白你的想法与要求，从而在拍摄的时候，让拍摄行程更加顺利。

★温馨提示★

编导不同于编剧、导演，但是又有两者的综合作用，而制作短视频成本又有限制，所以现在的短视频制作团队中，大部分都是由一个编导、演员、拍摄人员和后期制作人员构成。

因此，编导其实是很孤独的，因为需要自己写剧本，需要自己拍摄，还需要统筹拍摄、制作团队的大小事情。所以，编导在创作剧本的时候，需要细心再细心，这样才能拍摄出优质的短视频。

5.3　短视频的戏剧结构

戏剧结构主要是指创作者对故事情节进行的"布局"，即情节结构或者情节安排。想要创作短视频剧本，就需要了解戏剧结构的重要性。本节就来为大家介绍短视频中的戏剧结构应该如何安排。

5.3.1　戏剧结构的作用

对短视频来说，戏剧结构是非常重要的一部分，戏剧结构又可称为情节结构。其中，"情节"是剧本中故事发展是否精彩的决定因素，试想一下，一个短视频没有情节的安排，那会是多么的分散；"结构"则是故事的框架，是使故事脉络清晰、条理清楚的重要因素。而且，戏剧结构安排得当，能让我们的短视频剧本情节变得更加紧凑。

由此可见，戏剧结构在剧本中是尤为重要的。本节就来为大家介绍戏剧结构的作用，具体内容如图5-3所示。

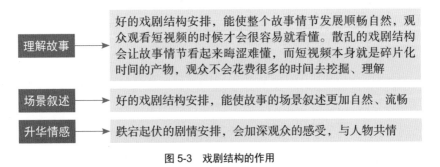

图 5-3　戏剧结构的作用

★温馨提示★

俗话说："艺术来源于生活，又高于生活。"一个好的戏剧结构可以为故事铺线，但同时也要注意内容的合理性和完整性。

（1）合理性是指内容要符合时代发展的潮流。

（2）完整性是指情节发展要有始有终、有头有尾，情节安排不能突兀，要能承上启下，情节之间要有联系。

5.3.2　戏剧结构的样式

戏剧结构有很多样式，按常见的频率来划分，主要可以分为两类，具体内容如图5-4所示。

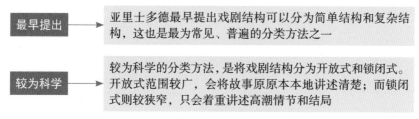

图 5-4　戏剧结构的样式

在亚里士多德提出的分类方法中，简单结构和复杂结构的解读跟现在的意思不大一样，他认为从开头讲到结尾的故事就是简单结构，而中间稍有一点点变化的故事则是复杂结构。但是，我们现在所认为的简单结构是指情节单一、起伏不大、人物较少；而情节复杂、跌宕起伏、人物较多的则为复杂结构。可见，这种分类方法与现在的认知是存在一定分歧的。

而将其分为开放式和锁闭式这一方法则更为科学。其中，最常使用的结构是"开放式"，如《梁山伯与祝英台》《西厢记》等，都是将故事情节原原本本地讲出来的，将人物的发展历程按时间顺序进行叙述，都讲述了主要人物大部分的人生经历，时间跨度大，主要人物性格能更全面地发展。

但是，在短视频行业中，不太建议使用"开放式"，主要原因有两点，具体内容如下所述。

（1）短视频时长有限制，会对完整的故事情节产生影响，特别是那些时间跨度较大的剧本。

（2）"开放式"结构中的情节很完整，人物数量也较多，而且各自都有其鲜明的性格特征，需要较为细致的情节描写和刻画，不适合短视频中以主角为唯一发展线的剧本。

如果创作者想要创作出一个有优质戏剧结构的短视频剧本，就可以采用"锁闭式"这一结构，其主要优点如图5-5所示。

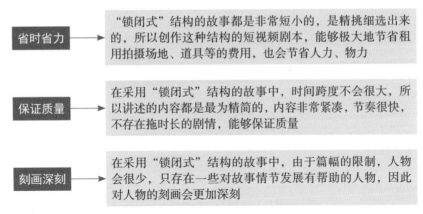

图 5-5　短视频剧本采用"锁闭式"结构的优点

目前大部分短视频平台上，很多人都采用"锁闭式"这一结构制作短视频剧本。

下面为大家介绍采用"锁闭式"结构制作的短视频。该短视频中，除了男女主，就只有3个次要人物，而且也发挥了一定的助攻作用。这个短视频主要是讲女主毕业多年在职场上碰到了自己之前暗恋的学长，男主经常安排女主做事，女主就产生了埋怨心理，如图5-6所示。

图 5-6　采用"锁闭式"结构制作的短视频画面截图示例（1）

回想到自己高中的时候，庆幸在写给他的情书上没有写清楚自己的名字，然后向朋友吐槽自己等了男主5个小时，但是他还是没有来，如图5-7所示。

图 5-7　采用"锁闭式"结构制作的短视频画面截图示例（2）

　　然后，画面跳转回现在，女主下班在等车，公司其他男同事问她要不要一起走，这个画面被男主看到了，如图5-8所示。

　　然后男主主动提出送女主回家，结果因为男主需要发送一份紧急的文件，所以男女主又回到了公司，就在这段时间里，男女主讲清了过去产生的误会，其实男主也去见女主了，只是因为女主情书上面的时间没有写清楚，所以双方闹了一个乌龙，所以才错过这么多年，如图5-9所示。

图 5-8　采用"锁闭式"结构制作的短视频画面截图示例（3）

图 5-9 采用"锁闭式"结构制作的短视频画面截图示例（4）

这就将过去和现在的剧情紧密结合了起来，主是现在，次是过去，过去影响了现在，同时也让人物的性格更加鲜明了起来。

5.3.3 戏剧结构的手法

在创作短视频剧本时，创作者可以采用以下一些戏剧结构手法，来使自己的剧本更有特色、情节更加吸引人。本节就来为大家介绍如何在短视频中运用戏剧结构手法。

1. 突出重点

突出重点是文字类的文章/剧本中都需要注意的一点。如果重点不突出，那么就不能让读者正确领悟到这篇文章/剧本的思想，而且重点不突出还会造成一系列的后果，具体内容如图5-10所示。

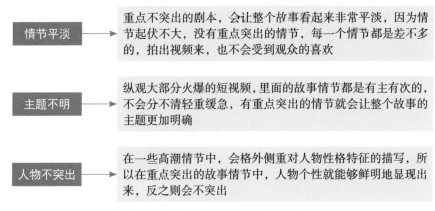

图 5-10　文章 / 剧本重点不突出会造成的后果

创作者想要让自己的短视频有突出的重点，就需要做到以下几点，具体内容如图5-11所示。

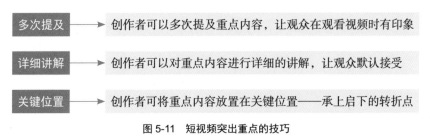

图 5-11　短视频突出重点的技巧

2. 设置悬念

设置悬念也是短视频剧本创作中最为常见的手法之一，主要是指利用观众的急切心理，来提高对短视频的喜爱。一般来说，是指将带有悬念的内容放到短视频的最后，观众刚开始被吸引之后，就迫切地想知道最后的结局，从而来提高短视频的完播率。下面就来为大家介绍设置悬念的相关内容。

（1）设置悬念的优点

在短视频剧本创作中，创作者采用设置悬念这一方式，主要有3个优点，具体如图5-12所示。

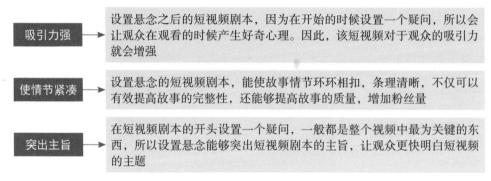

图 5-12   在短视频剧本创作中设置悬念的优点

（2）设置悬念的方法

了解完在短视频剧本中设置悬念的优点之后，接下来就应该了解如何在短视频中设置悬念了。下面就来为大家介绍在短视频中设置悬念的一些方法，具体内容如图5-13所示。

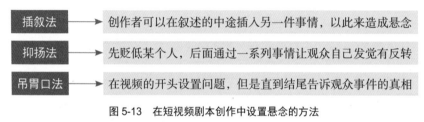

图 5-13   在短视频剧本创作中设置悬念的方法

3."突转"

"突转"是指在不知情的情况下，故事突然发生强烈的转折、变化，它也是短视频剧本创作中较为常见的手法之一。下面来介绍"突转"手法的相关内容。

（1）"突转"手法的优点

在短视频剧本创作中，使用"突转"手法主要有3个优点，具体内容如图5-14所示。

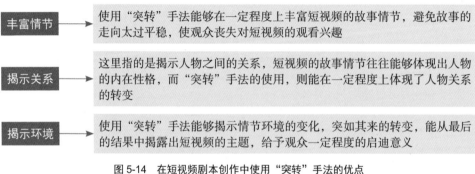

图 5-14   在短视频剧本创作中使用"突转"手法的优点

（2）使用"突转"手法的注意事项

短视频创作者想要在自己的短视频中使用"突转"手法，要注意以下事项。

① 情节合理性：使用"突转"手法，创作者要注意故事前后情节的合理性，否则观众只会觉得这个转变是毫无理由的、生硬的、没有必要的。

② 故事惊喜感：使用"突转"手法不能使情节太过突兀，但是又要有惊喜感，因此要在"意料之外，情理之中"。

第 6 章　剧本编写：创作优质的故事情节

　　创作者要想让自己的短视频被更多的人看到和喜欢，最需要做的就是提高短视频的质量，也就是提高短视频剧本的质量。因此，在编写剧本的时候，创作者需要创作出更为优质的故事情节，通过内容来吸引观众的关注。

6.1　冲突

冲突是故事情节的三要素之一，在故事情节中发挥着不可替代的作用。短视频创作者在制作、编写剧本的时候，可以从这方面入手。

那么，创作者可以从哪些方面去制造冲突呢？或者说冲突有哪些类型呢？本节便来为大家介绍冲突的相关内容。

6.1.1　静态冲突

什么是静态冲突？静态冲突主要是指那些没有使故事情节起变化的行为。目前，没有任何方法能够证明世界上存在绝对静止的东西，也就是说明物体是运动的，即使这个运动肉眼看不出来，但它还是存在的。

对短视频剧本来说，无论言语如何激进，只要没有发生冲突，那么这个故事情节就是相对静态的。短视频剧本短小，所以情节的发生都是有其各自的作用的，如果冲突对推进故事情节没有帮助，那么这个冲突就是静态的。下面就来介绍静态冲突的相关内容。

1. 特点

在短视频剧本的创作当中，静态冲突主要会有哪些特点呢？其具体内容如图6-1所示。

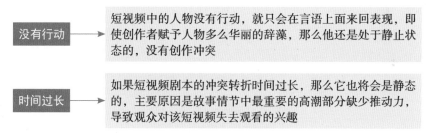

图 6-1　静态冲突的特点

2. 案例

下面为大家介绍一个静态冲突的短视频剧本案例。

　　8. 教室 傍晚 内

　　小一：你什么时候回家？

　　小二：嗯……我还不知道呢。

　　小一：为什么会不知道呢？

　　小二：我作业快写完了。

小一：大概要多久呢？

小二：我也不知道。

小一：你还剩多少？我可以帮你，我的作业已经写完了。

小二：但是我们的字迹不一样，老师可以看出来，还是算了吧。

小一：那我在这等你吧？

小二：你想先回去的话可以先走。

小一：我也不知道。

小二：你有其他事情吗？

小一：好像没有。

小二：好吧，我还差几道题没做完。

小一：那我们大概几点钟回家呢？

小二：我还不确定。

从该案例中可以看出，如果继续下去，剧本中两位人物的状态还是僵持的，不会发生明显的改变。在这个剧本中，存在冲突，但是没有发展，所以是静态的。

剧本中的两位人物是同一种类型，他们两个只在言语上有冲突，但是却没有任何行动。小一作业没有做完，所以不知道自己什么时候可以回家，而小二则是一直在询问小一什么时候可以回家，被小一回问有什么急事的时候，自己又不确定。两个人就在来回"踱步"，也许10分钟后他们就可以回家，也许要半小时，还有可能是一小时。但是，从现状来看，他们目前是不会回家的。

小一从最开始的不确定回家时间，到最后还是不确定；小二从一开始就在询问小一什么时候可以回家，直到最后也还在询问。两个人的冲突一直没有得到发展，情节也没有得到推进。

因此，静态冲突是创作者在编写剧本时应该规避的，因为你无法在短视频这一体量下去推进这一冲突，并使其达到效果。

6.1.2　跳跃冲突

除了静态冲突，还有一种跳跃冲突，这也是在编写短视频剧本时，创作者应该去极力规避的。那么，为什么要去规避这一冲突呢？下面就来详细介绍。

1. 特点

跳跃冲突主要是指在没有故事铺垫的情况下，直接改变情节的走向或者更改人物的性格特征。任何事情都是有因有果的，不会因为创作者突然的一个想法，就将情节直接跳跃到其对立面，故事情节应当是平稳推进的。

比如，有一个女生非常喜欢她的前桌，还准备了一个生日礼物，准备送给他。但是，中间没有任何情节的铺垫，女孩就直接将礼物摔了，并且开始憎恨她的前桌。这就是没有原因的，这也是一个跳跃冲突。如果短视频剧本这样写，那么人物的性格特征就会让观众分不清楚，这个女生到底是喜欢前桌还是不喜欢。

时间发生如此之短，中间的过程也没有描写出来，缺少合理性，没有任何的铺垫与过渡，一切发生如此快速，来不及让人反应，这就是跳跃冲突的特点。

2. 案例

下面为大家介绍一个跳跃冲突的短视频剧本案例，以此来帮助大家更快地认识到跳跃冲突。

5. 校门口 傍晚 外

小耶：对不起，我真的不是故意踩你的，你不介意吧？

小弄：我不知道。

小耶：这都不知道，你真笨。

小弄：呵呵，明明是你踩的我，现在变成我的错了？

小耶：你以为我会在意你的想法吗？你想多了。

小弄：真晦气。

这个案例就是跳跃冲突，小耶从刚开始对踩到小弄非常愧疚、抱歉，所以询问小弄的想法，但到最后小耶竟然变成"嘲讽"；而小弄则是从"不知道"变成了"愤怒"。这个剧本中的人物设定就是有问题的，因为小耶刚开始是真的愧疚、自责，而不会在询问完小弄的想法之后，又直接骂她笨，并说自己并不在乎小弄的想法，在如此短的时间内，中间又没有任何过程交代，这明显是不合理的。

创作者在创作短视频剧本的时候，要让观众有知情权，这样才能让剧本中的人物有一个循序渐进的发展过程，人物性格的转变要有理可循、有迹可循，人物形象才会更丰满，也才更加符合现实生活。

6.1.3　升级冲突

升级冲突是指在冲突的前提下，又发生一个或几个更加引起对立的冲突。升级冲突有着合理的过程、清晰的情节安排，它是在合理、必然的发展趋势下发生的冲突。

在短视频剧本的创作中，创作者可以通过升级冲突来加强事件的紧张感，让剧本中的主旨、人物、情节得到更加清晰的体现。下面就来为大家详细介绍升级冲突的相关内容。

1. 特点

在短视频剧本的创作当中，升级冲突的主要有哪些特点呢？其具体内容如图6-2所示。

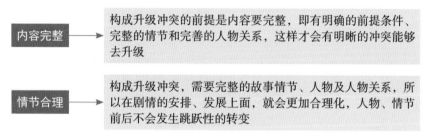

图 6-2　升级冲突的特点

2. 案例

在电视剧《红楼梦》中，贾宝玉与林黛玉青梅竹马，双向奔赴，但是因为薛宝钗的出现，打乱了这一局面。以贾母和王熙凤为一方，以王夫人为另一方，双方都有着各自支持的人，而且双方的关系又如此的亲近。但是，即使贾母如此支持林黛玉，最后还是让贾宝玉和薛宝钗成亲了，并以此来维持当时岌岌可危的贾府。

造成这一结果的原因是什么呢？从电视剧结局来看，贾母和王夫人虽然在某些小事上面不统一，但是贾宝玉是她们共同爱护的孙子和儿子，维持贾府的荣耀是她们共同的目标，所以最后冲突才会升级，即使促成了"金玉良缘"，也让贾宝玉看破红尘出家。

通过冲突，剧本中的人物才会发挥出各自的特性，创作者在编写短视频剧本时，可以采用升级冲突，如为了自己的使命而做出努力，从而将情节推上高潮，以此来丰富短视频的情节内容，让观众印象深刻。

6.1.4　预示冲突

正如黄昏之后天会变暗、下雨之前会有乌云一样，没有什么事情是毫无预兆就发生的，一切都是有迹可循的，是有预示的。

如果短视频剧本中没有冲突，那么观众在观看短视频的时候，就会感觉到无聊，那么继续观看你视频的可能性就会降低。但是，如果提前有预示的话，结果又会不一样，即使很长一段时间没有冲突，观众也会因为预示冲突而为你的短视频停留。下面就来介绍预示冲突的相关内容。

1. 特点

在短视频剧本的创作当中，预示冲突的特点主要有哪些呢？其具体内容如图6-3所示。

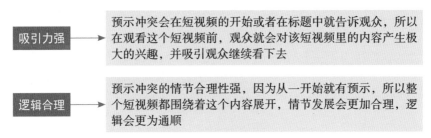

| 吸引力强 | 预示冲突会在短视频的开始或者在标题中就告诉观众，所以在观看这个短视频前，观众就会对该短视频里的内容产生极大的兴趣，并吸引观众继续看下去 |
| 逻辑合理 | 预示冲突的情节合理性强，因为从一开始就有预示，所以整个短视频都围绕着这个内容展开，情节发展会更加合理，逻辑会更为通顺 |

图6-3　预示冲突的特点

2. 案例

下面为大家介绍一个短视频剧本案例的开头，该视频剧本的名字是《晨读的争吵》，以此来帮助大家更快认识到预示冲突。

7. 教室早内

班长：同学们，这是昨天数学老师批改好的试卷。老师说，跟上一次测试相比，这次的试卷更容易一点，但是大部分同学的成绩都明显下降了。数学老师说昨天他跟语文老师商量过了，今天的晨读时间就用来修改数学试卷上自己的错题，希望大家安静写题，不要相互讨论，等下老师就会来了。

这个开头就是整个故事的动力所在，等班长说完这些话，同学们就会安静下来，然后开始写自己的错题。在这个故事的一开始，就向我们提前预示了冲突。我们不需要去讨论观众是否得到了满足，只需要记住，观众观看短视频，是为了看到影片预示的冲突，即晨读争吵的过程。

预示冲突可以勾起观众对短视频的观看兴趣，也能为短视频结局的反转作铺垫，这让短视频的剧情变得更为顺畅，前后逻辑也更为合理。

比如，在一个短视频的开头中，女主是一个性格开朗、遵纪守法、乐于助人的好公民，而她的男朋友一出场则是偷偷摸摸的，像在做坏事。那么，当女主知道男朋友欺骗了她后会有什么反应呢？女主会原谅他吗？这个结局尚不可知，但是可以知道的是，最后短视频的结局中，肯定会让女主这个男朋友得到应有的惩罚，这就是预示冲突的奥妙所在。

6.2　人物

人物是短视频剧本创作中不可缺少的因素之一，一个完整的人物有3个维度，包括生理、社会和心理。生理维度是指人物的外貌、身体特征等；社会维度是指人物的出生、生长环境等；心理维度则是指人物的内在性格特征、心理状态等。

只有这3个维度的信息是全面的，人物的角色特征才可以被我们精准地刻画出来。本节就来介绍人物在短视频剧本中的相关内容。

6.2.1　人物的发展

人物是不断变化、发展的，即使我们看不出来发生了哪些变化，但他一直处于不断的变化当中。那么，短视频剧本中的人物是如何发展的呢？下面就来介绍相关内容。

1. 特点

在短视频剧本的创作当中，剧本中的人物会如何发展呢？或者说会有哪些特点呢？其具体内容如图6-4所示。

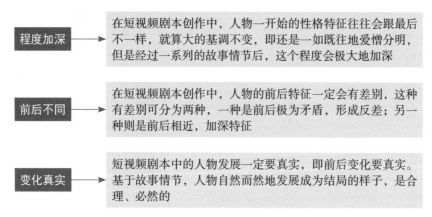

| 程度加深 | → | 在短视频剧本创作中，人物一开始的性格特征往往会跟最后不一样，就算大的基调不变，即还是一如既往地爱憎分明，但是经过一系列的故事情节后，这个程度会极大地加深 |

| 前后不同 | → | 在短视频剧本创作中，人物的前后特征一定会有差别，这种有差别可分为两种，一种是前后极为矛盾，形成反差；另一种则是前后相近，加深特征 |

| 变化真实 | → | 短视频剧本中的人物发展一定要真实，即前后变化要真实。基于故事情节，人物自然而然地发展成为结局的样子，是合理、必然的 |

图6-4　人物发展的特点

比如，在一个短视频中，一位女下属被男领导骚扰。男领导一直不断地挑战女下属的底线，事情越做越多、越来越过分。如送高跟鞋，女下属则在背后直接扔了，当领导询问时就说送妹妹了。这时女下属的做法算是默默反抗。但是，到最后，男领导利用客户当借口，让女下属赴约，后面又假装说客户不来了，实际是增加与女下属相处的机会，如图6-5所示。

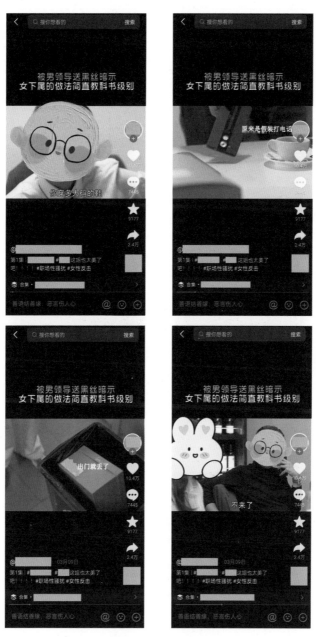

图 6-5　人物不断发展的短视频示例（1）

最后，男领导居然直接送房卡给女下属，表示这是潜规则。女下属先是答应，然后借口离开了。这时大家还在想，女下属会不会直接反抗呢？答案是肯定的。女下属隔天一早就直接在会议上递出辞呈，并将男领导的所作所为做成了一个PPT，告诉了所有的同事，如图6-6所示。

图 6-6 人物不断发展的短视频示例（2）

女下属从一开始的默默反抗，变成最后的当面对抗，人物性格发展合情合理，人物特征鲜明，使得故事发展变得更为精彩。

2.发展的原因

为什么在故事情节当中，人物一定要不断发展呢？主要原因有两点，具体内容如下所述。

（1）有冲突：事物在不断发展，人物也应如此。如果随着短视频情节的不断发展，人物没有丝毫的改变，那么观众就会觉得这个短视频是没有一点冲突的，也就是说这个短视频的故事情节是非常平淡的。

（2）有吸引力：人物没有变化，该短视频的剧情也不会有太大的改变，对观众的吸引力也会越来越低。

6.2.2　构建剧情的人物

在短视频剧本的创作中，创作者可以依据短视频剧情来构建人物。构建剧情中的人物，则要从主题出发。

短视频创作者可以提前确定好一个主题，如"家庭地位的悬殊会动摇婚姻"，然后再构建出两个剧情人物。需要注意的是，在构建剧情人物的时候，创作者要结合主题来展开，要符合时代特征和主题特征。

比如，女生是一位美丽大方、有无数追求者的万人迷，有着显赫的家庭背景、体面的工作，是没有什么缺点的完美女人。她理性、万事循规蹈矩，就像她的工作一样，专一又细致。但是，她也有缺点，就是以自己的利益为中心，性情比较冷淡，不会主动去参与别人的麻烦事。

而故事的男主人公则是一位与其完全相反的人，虽然不帅、不富有，没有体面的工作与家庭，但是为人兢兢业业、心地善良，经常为不公平的事情出头，所以也常受到排挤。

如果这两位是构建的剧情人物，那么应该如何将他们联系起来，使剧情发展下去呢？女主怕麻烦，不喜欢管跟自己不相干的事，而男主则恰恰相反，通过这一"导火索"，可以让故事情节发展下去——男女主相遇、相知，产生矛盾，进而发生极大的冲突，这就是完整的故事情节。

6.2.3　主使人物

主使人物就是指短视频剧本中的主角。一般来说，短视频中的主角主要有1~4个，不能过多，否则在创作的时候，创作者可能因为难以形象地刻画出人物的特征，从而使短视频失去继续下去的意义。

通俗来讲，主使人物可以推动短视频的发展，是整个短视频中事件发展的重要参与者和推动人物。离开了主使人物，或者说删除所有关于主使人物的剧情，我们就可以更加明显地看出来，该短视频剩下的内容是没有价值的、零散的、没有因果逻辑的、不能连贯发生的。

比如，在下面这个短视频中，主使人物就是两个人，分别是女一和女二，她们都在推动着短视频剧情的发展。女一和男一是结婚多年的夫妻，并且有一个孩子，女一发现了男一出轨女二，但是她没有一味地伤心，反而是想着怎么收集证据，然后让男一净身出户，如图6-7所示。

图 6-7　短视频中的主使人物示例（1）

而在收集证据的过程中，女一发现女二也被男一欺骗了，而且女二也没有想象中的那么坏，于是女一和女二就联合起来了，女二还将自己收集到的男一出轨的证据交给了女一，最终成功让男一净身出户，如图6-8所示。

图 6-8　短视频中的主使人物示例（2）

　　故事发生到这里，女一觉得女二跟自己特别合得来，而且女二也很有能力，于是跟女二合伙开了一家店。就在所有人都以为故事要结束的时候，男二出现了。

　　男二一出场就对女二一见钟情。起初女二还不是很相信他，但是架不住男二的猛烈追求。两人迅速坠入爱河，并且决定"闪婚"。

　　但是，女一却觉得他们俩进度太快了，有点不对劲。于是，女一暗中去调查男二。果然发现男二和男一是一伙的，而且男二身上负债累累，和女二闪婚是为了转移自己的负债，如图6-9所示。

图 6-9　短视频中的主使人物示例（3）

　　女一就将这件事情告诉了女二，最终两人将男二送去了派出所，男一也因为是诈骗同伙被抓。故事的最后，是女一和女二喝着酒在庆祝，如图6-10所示。

★ 温 馨 提 示 ★

　　短视频中的主使人物除了需要推动剧情的发展之外，还有两个条件，具体内容如下所述。

　　（1）主使人物是制造冲突的人。

　　（2）主使人物要有自己的理想和抱负，不能是无欲无求的。

图 6-10　短视频中的主使人物示例（4）

6.2.4　对立人物

与主使人物对立的人物就是对立人物。对立人物的主要作用就是对抗主使人物，具体表现为在主使人物实现某一目标的过程中让其放弃或者使其失败。

通俗地说，以电视剧为例，男女主角一般为主使人物，而剧中的反派人物，就是这里所说的对立人物。对立人物通常会持续到剧情落幕，在大部分的电视剧中，反派下线之后不久，剧情也就完结了，说明对立人物也是非常重要的。

因此，创作者在创作短视频剧本的时候，要将对立人物设定得强一点，要与主使人物能冲突、对立，要有"顽强"的品质，让其能坚持到短视频的最后。

下面为大家介绍短视频中的对立人物。在某一短视频中，对立人物是女二，她出轨自己的姐夫，为了让自己的姐姐跟姐夫离婚，她暗中施加压力进行逼迫，而且不惜卖掉自己在公司的股份，如图6-11所示。

图 6-11　短视频中的对立人物示例（1）

而且，女二在知道姐姐为了怀孕的事情发愁时，就想着自己只要先她一步怀上孩子，就能紧紧抓住姐夫和他家人的心，姐姐和姐夫也能顺利离婚，自己就可以跟姐夫在一起了，如图6-12所示。

图 6-12 短视频中的对立人物示例（2）

除此之外，女二为了能和自己的姐夫在一起，还和父母决裂了。为了凑钱，变卖了自己所有的家当，并且怀上前男友的孩子，但是却谎称是姐夫的孩子，如图6-13所示。

图 6-13 短视频中的对立人物示例（3）

后面，女二终于如愿嫁给了姐夫，但是姐夫却因为事业的下降，整天去找姐姐，并祈求复婚。女二又不甘心，找上姐姐，却发现姐夫给自己的东西也都是姐姐曾经被给予的，她开始认清姐夫。

　　最后，女二的结局不言而喻，她受到了该有的惩罚，什么都没有了。因为她发现她苦苦抓住的姐夫，爱的只有他自己一个人，而剧情到此也就差不多要完结了，如图6-14所示。

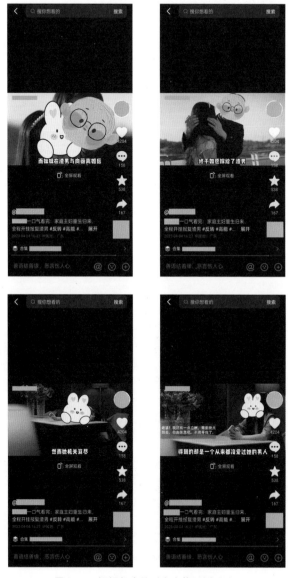

图 6-14　短视频中的对立人物示例（4）

　　创作者在创作短视频剧本时，特别是在设计对立人物的时候，要注意以下两个方面的内容。

　　（1）角色立体性：对立人物不能无缘无故变坏，一定要有转变的原因，这样人物的形象才能更立体。

（2）角色可悲性：在创作对立人物的时候，短视频创作者要为其增添一些可悲性，这样观众在看的时候，才能对这个角色有一定的同情。角色的可怜可恨刻画得当，人物塑造才能更鲜活、更成功。

6.3　场景

电影大师黑泽明曾说过："如果你真想拍电影，那就去写剧本。"当你能写出好的剧本了，才会知道一部好的电影是由哪些部分构成的。而要想写好剧本，首先要写好场景。

那么，什么是场景呢？阎纲在《论陈奂生》中写道："这也是一种艺术的含蓄，不但恰当地处理了一些尖锐的、不堪入耳的、暴露性的场景，而且精简了作家的笔墨。"由此可见，场景主要是指戏剧影视当中的一些场面。

本节就来介绍场景的相关内容，以便帮助创作者在创作短视频剧本的时候，设计出好的场景。

6.3.1　场景的作用

在短视频剧本创作中，场景主要有4个作用，具体内容如图6-15所示。

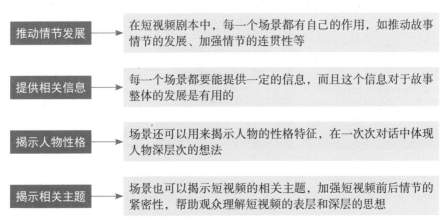

图 6-15　场景的主要作用

比如，在下面这个短视频中，女主听到了男主跟妈妈打电话的内容，知道了他妈妈不喜欢自己，所以特别担心，男主这时候就去安慰女主，如图6-16所示。

图 6-16　场景示例

这个场景为什么会存在呢？主要有以下两点作用。

（1）推动情节发展：在这个画面之前，是女主和前男友因为家里不同意所以分开的场景，这里也出现家里不同意的场景，既联系了前文，又与后面不同的结局形成了鲜明的对比，推动了情节的发展。

（2）揭示人物性格：男主的话语体现了其有主见的性格，为后文作铺垫。

★温馨提示★

有时候，场景太满也不好，这里的"满"主要是指画面太过充足，即话语过多。观众去看的话，就会觉得画面中的声音没有停下来过，会让观众产生整个短视频非常吵的感觉，即使有时候那些场景的的确确是有作用的。

这时候，创作者就需要注意，可以将一些繁杂的语句通过眼神、动作表现出来，化繁为简，将言语藏在眼睛、动作里面，让观众从中发掘人物的深层感情。这个方法不仅能让演员有更多的发挥空间，而且还能提升整体画面的质感。

6.3.2 场景的类型

一般来说，短视频剧本中主要有两种场景，即视觉性场景和对话性场景。视觉性场景主要是指以看到的东西为主，如动作画面；而对话性场景则以对话为主要场景内容。但是，在现在的大部分短视频中，都以两者的结合为主，如在一个短视频画面中，是视觉+对话的场景。

6.3.3 场景的构建

构建场景是创作者在创作短视频剧本时不可缺少的步骤。构建场景的相关技巧如图6-17所示。

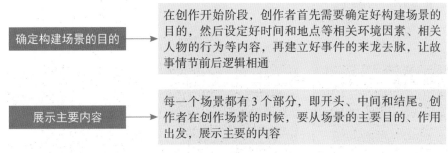

确定构建场景的目的 ➤ 在创作开始阶段，创作者首先需要确定好构建场景的目的，然后设定好时间和地点等相关环境因素、相关人物的行为等内容，再建立好事件的来龙去脉，让故事情节前后逻辑相通

展示主要内容 ➤ 每一个场景都有 3 个部分，即开头、中间和结尾。创作者在创作场景的时候，要从场景的主要目的、作用出发，展示主要的内容

图 6-17 构建场景的技巧

比如，有一个完整的场景：一个女生快速往前走去，男生正在追赶着她，询问她为什么要分手，这是开头；女生拿出自己的手机，给男生看刚才拍的实况照片，这是中间；女生对男生说："你不知道实况也有声音的吗？"男生默不作声，双方停留在街道旁边，这是结尾，如图6-18所示。

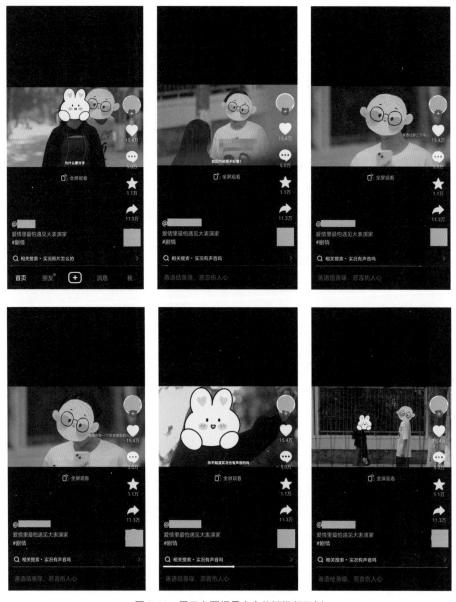

图 6-18　展示主要场景内容的短视频示例

6.3.4　必要场景

从字面意思上来看，必要场景指剧本中最为必要、有用的场景，那么，实际上也是如此吗？答案是否定的，因为必要场景不具有唯一性。下面以一个故事为例，为大家介绍什么是必要场景。

有一个优秀的刑警队长，在他很小的时候，他的父亲就去世了，他的母亲双耳失聪，却仍然含辛茹苦地将他拉扯大。但是，由于家庭条件不好，所以他从小就体弱多病。在读书的时候，班上的同学都爱欺负他，且冤枉他偷东西。因此，他小时候没什么朋友，而且因为这个事情，他的性格变得极度较真，希望世界上所有的事情都是公平、公正的，且按照证据办事。

长大后，他成绩优秀，考上了一所很好的大学，还谈了一个女朋友，并且毕业就在重点部门工作，前途一片光明。但是，由于被别人陷害受贿，他被撤职了，女朋友也跟他分手了。他非常沮丧，而且迫于生活的压力，他只能找一些兼职来养活自己和母亲。

在他40岁的时候，新的局长上任，彻查了往年的所有案件，知道了当年事情的真相，所以他复职了。这么多年来，他一直不甘心自己就这样草草过完一生，而且也在私下找证据，皇天不负有心人，他终于等到这一天了。

在之后的时间里，他一直努力工作，凭着自己不放弃的理念，破获了很多大案件，最后当上了刑警队的队长，直至退休。

在这个故事中，这位刑警队队长一生中最为重要的是哪一阶段呢？有人说是新局长上任那个阶段，因为让他洗清了冤屈，重回刑警队；也有人说是之后努力工作的阶段，因为侦破了很多的案件，让自己当上了刑警队长。

其实，他人生中的每一步都是他成功的重要因素，选不出来到底哪一个过程是最为必要、最为关键的。只有一桩桩、一件件事情不断叠加，引发下一件事情，才会得到最终的结果。

正如"矛盾积累多了才会爆发"一样，所有事情都是有因果关系的，不会因为这个原因就直接导致最后的结果，它是不断积累并随着当时环境的变化而变化的。

因此，对于人物性格、故事情节发展有价值的短视频内容，就是必要场景。

图6-19所示为短视频中的必要场景示例。女生跟自己的男朋友出去吃饭，店家不小心在菜里面放了香菜和葱，还不承认自己错了，自己的男朋友也不帮忙说话。

★ 温馨提示 ★

创作者在创作短视频剧本的相关场景时，要注意以下事项。

（1）每一个场景都尽量保证是必要场景，即删除一些没有用的，保留有用的。

（2）有一些细小的场景也是需要创作者去刻画的，如眼神中的情感。

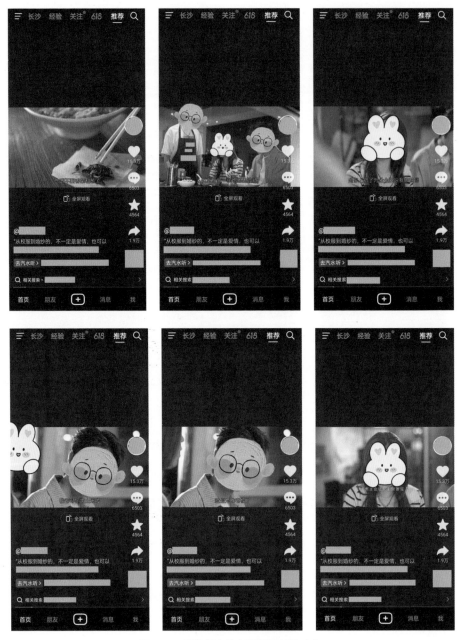

图 6-19　短视频中的必要场景示例（1）

除此之外，在女生生日的时候，男朋友也没有陪在自己的身边，既没有告诉女生不能来的原因，也没有说怎么解决，只是匆忙地说了句对不起和生日快乐，就留下女生自己一个人，如图6-20所示。

图 6-20 短视频中的必要场景示例（2）

女生在经历了生活中的一件件小事情后，才发现一直陪在自己身旁的，不是自己的男朋友，而是自己的好友，如图6-21所示。

图 6-21　短视频中的必要场景示例（3）

6.3.5　场景写作会犯的错误

创作者在创作短视频剧本的时候，可能会犯一些常见的场景写作错误，下面就来详细介绍。

1. 没有推动情节发展

短视频剧本中的每一个场景都需要有其特定的价值，或揭示人物性格，或表达故事进展，或提供相关的信息，而其中最为重要的作用就是推动短视频故事情节的发展。如果推动不了，那么创作者就应该考虑删除这个场景，以此来让短视频剧本更为精简。

创作者去审视某一个场景是否有用，主要可以从以下方面出发。

（1）能否推动故事情节向前发展。

（2）能否影响故事结局。

（3）能否改变人物当前所处的境地。

2. 场景太过冗长

场景写作要精简，关于此场景的要点已经过了之后，就可以结束这个场景了。对于一些对整体剧情没有作用的场景，可以将其删除，否则就会显得这个场景太过冗长，不仅会拉长短视频整体的时长，拖延进展，而且没有什么实质性的效果。

3. 出现时机不对

在创作短视频剧本的时候，创作者需要明白自己讲的是一个什么样的故事，要使用什么样的写作手法，而这些都决定了整个短视频剧本中场景的设计。比如，你写的是一个悬疑类的短视频脚本，那么你就可以先在视频开头铺垫，告诉观众故事最后的结果，引起观众的注意。但是，你不能直接告诉观众案件最后的真凶是谁，不然整个故事还没有开始，就差不多已经结束了。

由此可见，每一个场景出现的时机都是有其特定作用的，所以创作者在创作短视频剧本的时候，一定要设置好场景的出现时机，不要在同一个场景中出现许多不该在这时候出现的信息。

4. 场景衔接不当

一个优质的短视频剧本应当是环环相扣、条理清晰的，不管是按时间顺序还是逻辑顺序写作，场景的衔接一定要合理，否则容易让观众产生混乱之感。

比如，在男生跟女生交谈的场景中，因为话语中提及了"骑手"，所以画面直接切换到了骑手所处的场景中，如图6-22所示。

图6-22　场景衔接恰当的短视频示例（1）

而且，随着男生的形容，骑手的画面慢慢从远景变成了中景，让观众的视线聚集到了骑手的身上。男生说完之后，画面又切回到男生和女生交谈的场景当中，如图6-23所示。

这个场景的衔接就非常自然、得当，没有一丝突兀的感觉，让观众自然而然就接受场景的切换了。

图 6-23 场景衔接恰当的短视频示例（2）

第 7 章　内容创作：打造有趣的内容形式

　　创作者在创作短视频剧本的时候，要从内容出发，以创作出优质、独特的剧情内容为主要目标，打造出有趣的内容形式，从而吸引更多对短视频感兴趣的观众，并提高粉丝的黏性。

7.1　奇特的情节

情节是指在作品中，因为人物之间的关系、冲突、矛盾等内容，引起一系列的事件，包括事件的起因、经过、结果这一整个过程，是创作中需要尤为注意的因素。

在短视频剧本创作中，要有能够吸引观众的情节，关键在于"奇"，即情节要"奇"。这里的"奇"是指奇特，即短视频的情节要独一无二，是观众在别的地方看不到的、特别的。本节就来为大家介绍写出奇特情节的相关技巧。

7.1.1　故事与情节的区别

在小说中，故事与情节都是重要的构成因素，那么两者有什么区别呢？通俗地说，所有的小说都是来讲故事的，但故事只有一个，而情节则不同，情节不止一个，而是有很多个。故事与情节的区别具体如图7-1所示。

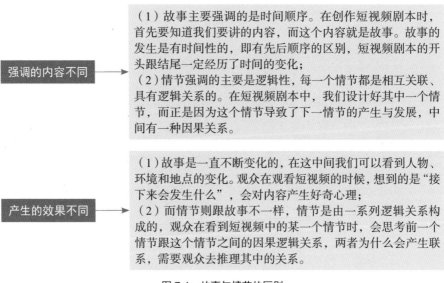

强调的内容不同
（1）故事主要强调的是时间顺序。在创作短视频剧本时，首先要知道我们要讲的内容，而这个内容就是故事。故事的发生是有时间性的，即有先后顺序的区别，短视频剧本的开头跟结尾一定经历了时间的变化；
（2）情节强调的主要是逻辑性，每一个情节都是相互关联、具有逻辑关系的。在短视频剧本中，我们设计好其中一个情节，而正是因为这个情节导致了下一情节的产生与发展，中间有一种因果关系。

产生的效果不同
（1）故事是一直不断变化的，在这中间我们可以看到人物、环境和地点的变化。观众在观看短视频的时候，想到的是"接下来会发生什么"，会对内容产生好奇心理；
（2）而情节则跟故事不一样，情节是由一系列逻辑关系构成的，观众在看到短视频中的某一个情节时，会思考前一个情节跟这个情节之间的因果逻辑关系，两者为什么会产生联系，需要观众去推理其中的关系。

图 7-1　故事与情节的区别

★ 温馨提示 ★

如果对故事与情节还存在一定的疑惑，下面举例为大家详细介绍两者的区别。

故事一：女生哭了，男生也哭了。

这里主要强调了事件发生的先后顺序：女生先哭了，然后男生也哭了。如果要把这个故事转变成情节，则可分为两个情节，具体内容如下所述。

情节一：女生哭了，男生因为不忍，所以也哭了。

情节二：男生哭了，不知道是什么原因引起的，后面才知道是因为女生哭了，男生不忍心所以才哭的。

这里强调的主要是这两件事件之间的关联，即因果关系。

一般来说，故事是否精彩，一定程度上取决于情节的设计，情节跌宕起伏，故事就会更引人入胜。

7.1.2 情节设置的重要性

在短视频剧本中，情节的设置是非常重要的。为什么情节设置如此重要呢？主要是因为情节设置的3个作用，具体内容如图7-2所示。

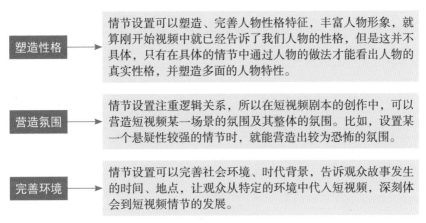

图 7-2 情节设置的作用

7.1.3 设置奇特情节的技巧

一般的短视频剧情包括开端、发展、高潮和结局4个部分。

开端是指在短视频开头对人物、环境的交代，为之后剧情的发展作铺垫；发展是短视频中最主要的一个部分，在这个部分中，向观众介绍了情节的矛盾冲突、事件的详细内容，能起到承上启下的作用；高潮是指短视频中最精彩的部分，矛盾冲突在前面已经不断在发酵，而在这个部分就呈现出爆发的趋势，是短视频中决定人物发展的关键部分，是观众最关注的部分；结局是指短视频的结尾，在这个部分中，人物、情节的发展告一段落。

情节如此重要，那么在短视频剧本创作中，我们应该如何来设置奇特的情节呢？下面就来详细介绍相关技巧。

1. 情节真实自然

这里的真实自然，主要有两个方面的含义，具体内容如图7-3所示。

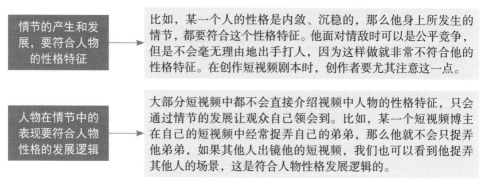

情节的产生和发展，要符合人物的性格特征	比如，某一个人的性格是内敛、沉稳的，那么他身上所发生的情节，都要符合这个性格特征。他面对情敌时可以是公平竞争，但是不会毫无理由地出手打人，因为这样做就非常不符合他的性格特征。在创作短视频剧本时，创作者要尤其注意这一点。
人物在情节中的表现要符合人物性格的发展逻辑	大部分短视频中都不会直接介绍视频中人物的性格特征，只会通过情节的发展让观众自己领会到。比如，某一个短视频博主在自己的短视频中经常捉弄自己的弟弟，那么他就不会只捉弄他弟弟，如果其他人出镜他的短视频，我们也可以看到他捉弄其他人的场景，这是符合人物性格发展逻辑的。

图 7-3　情节真实自然的两个含义

情节是由人物的性格发展而来的，违反了人物性格的情节是没有根基的，会产生漏洞，遭到观众的抨击。比如，有一部非常火的电视剧，出圈原因不在于演员的演技、特效的精美、故事的优质等，而是因为吐槽。那么观众吐槽的原因是什么呢？主要就是人物性格割裂严重，女主明明疾恶如仇，对其他恶人就出手迅速，却在知道男主是恶人的前提下，还对其心生怜悯，为其辩护，这并不是所谓的"双标"，只是人物性格割裂产生的后果。这就是不符合人物性格的，这种情节不应该发生在她这个性格下，所以这部剧受到了如此多的质疑。

剧本可以离奇，但是也要真实，不然作品就是悬浮的，只会给观众看一看打发时间的想法。一时的火热并不能代表长期的火热，要想固粉，创作者在创作剧本的时候，一定要设置较为真实的情节，不要让"离谱""悬浮"这些字眼成为自己的标签。

★ 温 馨 提 示 ★

真实的人物性格产生的情节也是真实、自然的，能让观众在观看短视频的时候更有代入感，进而引起情感的共鸣。

2. 发展节奏得当

奇特主要是指不寻常的、独一无二的，要在别人的短视频中看不到。因为短视频的时长限制，所以掌握好的发展节奏是极为重要的，同时又要兼顾"奇特"两个字，这就需要创作者在创作剧本的时候，下苦功夫。那么，如何设置剧本的发展节奏呢？相关技巧如图7-4所示。

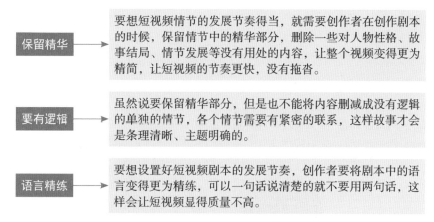

保留精华 → 要想短视频情节的发展节奏得当，就需要创作者在创作剧本的时候，保留情节中的精华部分，删除一些对人物性格、故事结局、情节发展等没有用处的内容，让整个视频变得更为精简，让短视频的节奏更快，没有拖沓。

要有逻辑 → 虽然说要保留精华部分，但是也不能将内容删减成没有逻辑的单独的情节，各个情节需要有紧密的联系，这样故事才会是条理清晰、主题明确的。

语言精练 → 要想设置好短视频剧本的发展节奏，创作者要将剧本中的语言变得更为精练，可以一句话说清楚的就不要用两句话，这样会让短视频显得质量不高。

图 7-4　设置剧本发展节奏的技巧

3. 让人意想不到

要想设计奇特的情节，创作者就要让人意想不到。比如，某一个短视频剧本中的情节是女生被男生惹哭了，你以为接下来女生会去打那个男生或者骂那个男生吗？这样的做法是不是大家都能想到？因为这很符合逻辑。但是，如果接下来的情节是女生被退学了，那是不是出乎别人的意料？

观众在看到这个剧情的时候，就会迫切想要知道接下来的剧情会如何发展、女生为什么会被退学等内容，从而牢牢抓住了观众的心。

比如，在下面这个短视频中，男人跟自己老婆说今天去学吉他，如图7-5所示。

图 7-5　让人意想不到的短视频剧情示例（1）

　　观众以为接下来的情节都是围绕学吉他而展开的，但是这时候男人的哥哥出现了，并说了一句"你都开始学吉他啦"。男人的老婆回答说他都学习一个月了。本以为这样发展没有什么，但是男人的哥哥戳破了他没有带吉他的真相，如图7-6所示。

图 7-6　让人意想不到的短视频剧情示例（2）

　　这时候，观众就会开始想，他没有带吉他，那么他背上背的吉他盒里面装了什么东西呢？这里就会引起观众的好奇心理，让其迫切地想知道答案。

画面一转，是吉他盒被打开的场景，里面居然都是些钓鱼的工具。这个反转让人措手不及，因为在前面一个场景中，观众只知道吉他盒里面不是吉他，但是却不知道具体是什么。等到钓鱼工具被展示出来后，观众也会对这个意想不到的事情产生浓厚的兴趣，如图7-7所示。

图 7-7　让人意想不到的短视频剧情示例（3）

7.2　优质的戏核

什么是戏核？戏核主要是指整个剧本的核心创意，即用一句话概括短视频剧本的核心概念。要想有优质的戏核，就需要有优质的创意、独特的思路。本节就来为大家介绍戏核的相关内容。

7.2.1　戏核与戏眼、戏胆的区别

说到戏核，就不能忘记戏眼和戏胆，这些都是戏曲中的专业术语。而在短视频剧本的创作中，我们也可以将这些内容代入进去，以此写出更好的短视频剧本。下面就来为大家介绍详细的区别。

戏核是整个剧本的核心创意、概念和思想，即整个剧本讲了什么内容；戏眼是指整个剧本的"眼睛"，即剧情关键点，是剧情发展最为关键、独特的地方；而戏胆则是指剧作中的中心情节，旧时也指剧本中最为重要的角色。

7.2.2　戏核的作用

在短视频剧本中，戏核有哪些作用呢？具体内容如图7-8所示。

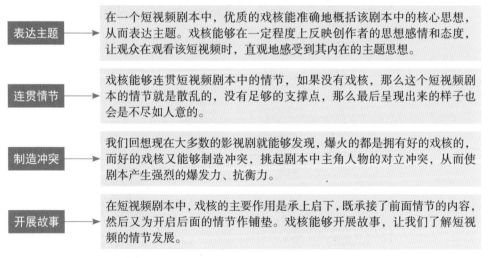

图 7-8　戏核的作用

7.2.3　设计戏核的方法

戏核在剧中如此重要，那么在创作短视频剧本的时候，应该如何设计戏核呢？下面就来详细介绍设计戏核的相关方法。

1. 通过想象

通过想象来设计戏核，主要是指创作者可以通过自己想象的内容来创作戏核。艺术创作离不开想象，所以创作者在创作剧本的时候，可以先通过想象的内容来确定整个剧本的戏核，然后在此基础上完善情节，使其成为一个完整的故事。下面将通过一个例子，来为大家介绍如何通过想象来设计戏核。

比如，在下面这个短视频中，刚开始的剧情是一直过得不怎么样的男主，为了在自己曾经暗恋对象的婚礼上不丢面子，狠狠风光一把，不仅租了豪车，而且还打扮得非常体面，像是事业有成的大老板。但是，在进入婚礼内场的第一个场景中，他的装扮就跟婚礼上的司仪撞衫了，如图7-9所示。

图 7-9　通过想象设计戏核的短视频示例（1）

　　接着，他在婚礼进行中的时候，听到自己曾经的班主任和同学在背后嘲笑自己。他只能借酒浇愁，甚至还在醉酒的时候跟暗恋对象告白，就在事情快要发展不下去的时候，男主的妻子来了。

　　原来男主欺骗自己的妻子，说自己是去给母亲扫墓，但是却偷偷跑到暗恋对象的婚礼来了。妻子想拉他回家，但是男主不愿意，也不甘心。妻子非常生气，说男主在家无所事事，什么都不干，都是自己在赚钱养家，没想到男主却把妻子好不容易存下来的钱全部随了婚礼礼金，戳穿了男主刚才伪造的成功人士形象，如图7-10所示。

图 7-10　通过想象设计戏核的短视频示例（2）

男主觉得妻子的话让他没了面子, 自己的自尊心受到严重打击, 于是冲了出去。但是, 妻子一直在追他, 所以匆忙中他就躲进了厕所里。他看着镜子, 觉得自己很窝囊, 于是一拳将镜子打碎了。

随着酒精上头, 他逐渐睡了过去。等到他醒来之后, 他本来想鼓起勇气去跟妻子离婚, 但当他推开厕所的大门时, 一道刺眼的强光闪了过来。等他能够睁开眼时, 却发现自己来到了高中的课堂上, 如图7-11所示。

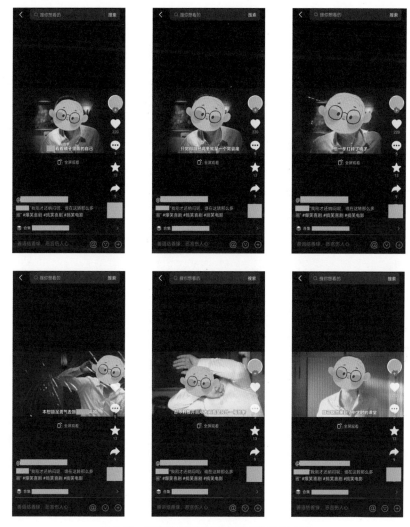

图 7-11 通过想象设计戏核的短视频示例 (3)

而到了这个部分, 整个短视频的情节算是正式开始了。因为接下来的剧情是男主回到过去, 将自己之前没有做到的后悔的事情全部做了, 完全改变了自己之前的结局，靠着抄袭穿越之前自己所知的各大名曲而走红，推一首歌就火一首，还如愿娶到了之前的暗恋对象。

他成功了，但是自己又开始厌倦当前的生活。当知道了当年妻子为了保护自己跟其他人打架，并赔了很多钱的事情后，男主非常愧疚。回忆起当年和妻子的生活，自己非常怀念。但是，当他找到妻子的时候，却发现妻子已经结婚了。男主很后悔，但也为时已晚。故事的最后，男主穿越回去了，知道了平淡的生活也可以很幸福。

在这个短视频中，男主穿越回自己的高中就是整个短视频的戏核，是这个短视频情节最重要的支撑点和最独特的闪光点。创作者在写这个剧本的时候，通过自己对一些事情的后悔，产生了如果能够穿越回去自己一定会成功的想法。这是创作者的想象，视频中男主穿越回高中也是他自己的想象，因为在现实生活中，我们根本不可能真的穿越回以前。

正是因为男主通过穿越回去这个戏核，让男主知道到了妻子对自己的好，知道自己之前很幸福，而这种幸福是用钱也换不回来的。

这种通过想象来设定剧本戏核的方法是值得我们学习的，因为能让大部分的观众共情。当主角穿越成功后，做了许多自己曾经后悔的事情、见到了很多不一样的事情，并从中有了新的认识。创作者通过想象，将现实生活中的常见现象在剧本中演绎出来了，观众看到之后，就会对这个短视频有情感上的共鸣。

2. 基于现实

俗话说："艺术来源于生活。"创作者在创作短视频剧本的时候，就可以通过现实生活中的一件件小事来设定戏核和相关情节，这么做的好处有3点，具体如图7-12所示。

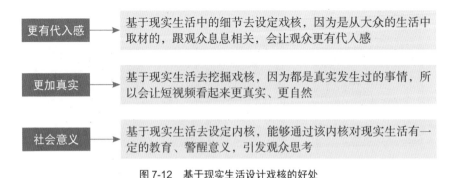

图 7-12　基于现实生活设计戏核的好处

接下来将通过一个例子，为大家介绍如何基于现实来设计戏核。

　　比如，在下面这个短视频中，男生和前女友重新加了微信，并开始聊起天来，但是却忽略了自己现任女朋友的感受，所以现任女朋友发了很大的脾气，如图7-13所示。

图 7-13　基于现实生活设计戏核的短视频示例（1）

　　后面回到家，现任女朋友质问男生是否还喜欢自己的前女友、是不是要分手等类似的问题，男生就跟现任女朋友说他和前任只是单纯聊天而已，并且当着现任女朋友的面打了微信电话给前女友，让前女友跟自己的现任女朋友解释，他们俩之间没有什么。

解释完之后，男生跟前女友说还是不要再联系了，后面当着现任女朋友的面把前女友的微信给删了，如图7-14所示。

图 7-14　基于现实生活设计戏核的短视频示例（2）

之后，男生为了让现任女朋友放心，用尽一切办法，想打消她心中的疑虑，如每天都接现任女朋友下班、每次自己出去都向她汇报行程，并拍照、拍视频给她看，而且还主动上交自己的手机，告诉现任女朋友手机密码是她的生日，她可以随时看等，本来以为事情发展到这里已经快要结束了。

结果，突然迎来了另一个走向。有一天，现任女朋友打开门又看到男朋友坐在沙发上用手机聊天。她下意识地以为聊天对象又是他的前女友，于是很生气地走进去，想质问他。结果男朋友居然是向她求婚，两个人都震惊了，如图 7-15 所示。

图 7-15　基于现实生活设计戏核的短视频示例（3）

原来，男生刚才用手机是在跟朋友通信，让他们来帮助自己求婚的。知道真相后，现任女朋友觉得对不起他，也让男生知道了原来之前加前女友微信那件事现任女朋友一直记得，自己做了这么多还是没有打消她的顾虑。

而站在现任女朋友的视角看，她不止一次看到他跟前女友聊天了，那次爆发只是情绪堆积起来了。因为每次看到他们聊天，自己都装作不知道，所以她会下意识地觉得男生是在跟前女友聊天，如图7-16所示。

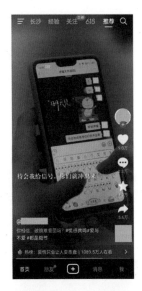

图 7-16　基于现实生活设计戏核的短视频示例（4）

在这个短视频中，跟前女友用微信聊天就是戏核，支撑着这个短视频从开始到结束。该短视频中的男生因为这个戏核，知道了自己的现任女朋友没有安全感，也认识到"破镜难重圆""只有和好，没有如初"。

这也是现实生活中，很多人都遇到过的问题。因为信任一旦崩盘，就难以重建。不要怀着自己可以加倍补偿的心理，没有任何人可以百分之百原谅你，而且就算原谅了，也难以回到最初了。这也是这个短视频最后告诉我们的道理。

这个短视频就是基于现实来设定戏核的，选取了现实生活中非常常见的一个细节，即男朋友加了自己前女友的微信。后面男生通过一系列方法想要打消自己现任女朋友的顾虑，但是自己却不知道信任一旦崩盘，就挽回不了。最后也引起了观众的思考，让观众更深入地了解这些问题。

7.3　成熟的剧本网站

如果创作者不知道该怎么写剧本、灵感枯竭，也可以到一些剧本网站上面找灵感，学习一些成熟的剧本应该怎么写。本节就来为大家介绍4个短视频剧本网站，帮助创作者写出让自己、让观众满意的短视频剧本。

7.3.1　华语剧本网

华语剧本网是一个剧本创作与学习的网站，里面有很多电影、电视剧、微电影、短视频和小说等优质剧本，创作者可以在此参考优质的原创剧本，学习别人写剧本的技巧。但是，千万不能抄袭。图7-17所示为华语剧本网官网首页。

图 7-17　华语剧本网官网首页

7.3.2 抖几句

抖几句是一个短视频原创剧本创作平台，里面都是一些原创的剧本，有版权保护。图7-18所示为抖几句官网首页。

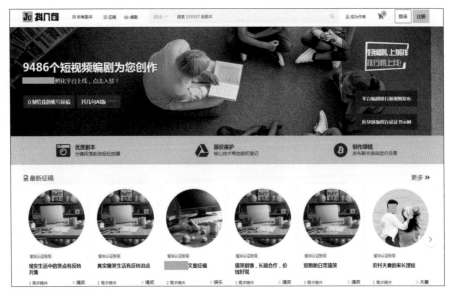

图 7-18　抖几句官网首页

而且，抖几句平台中的剧本都设置了分镜段落，创作者可参考，减少后期拍摄、分镜的难度和工作量。图7-19所示为某个剧本的分镜段落示例。

剧集预览		1 剧集　5 分镜/段落	01:48 时长
－ 剧集 1 _ 谁做饭			01:48 时长
◎ 分镜/段落1 _ 农村院子里。			00:15 时长
◎ 分镜/段落2 _ 男主走进屋子，女主跟着走了过来…			00:15 时长
◎ 分镜/段落3 _ 男主拿着手机一边参考一边做饭，…			00:25 时长
◎ 分镜/段落4 _ 两人在吃饭。			00:25 时长
◎ 分镜/段落5 _ 女主夹起一筷子，放进嘴里，立刻…			00:28 时长

图 7-19　某个剧本的分镜段落示例

在抖几句平台中，创作者可以选择一些优质的编剧，特别是订阅数越高的编剧，因为这意味着他们写出来的短视频剧本是受欢迎、有市场的，然后去查看他们的剧本。创作者可以参考其分镜段落、特色亮点、拍摄需求等是怎么写的，然后模仿其写作方式。图7-20所示为抖几句官网中的编剧页面。

图 7-20　抖几句官网中的编剧页面

★ 温馨提示 ★

创作者在选择编剧的时候，要根据自己短视频账号的定位出发。如果做情感类的短视频，那么最好选择标签中带有"情感"的编剧，然后再进行筛选，选择 1 ~ 5 位较为成熟的编剧。

7.3.3　原创剧本网

原创剧本网中有很多免费的原创剧本，创作者可以在这上面汲取灵感，选择一些有创意的点子，然后再去完善整体的短视频剧本，但是不能直接照搬照抄。图7-21所示为原创剧本网官网首页。

图 7-21　原创剧本网官网首页

7.3.4　剧本联盟

剧本联盟是一个剧本创作、代写网站，里面包括小品剧本、相声剧本、微电影、话剧剧本、影视剧剧本等内容。虽然没有明确的短视频剧本这一类别，但是创作者也可以参考小品、微电影、影视剧等剧本中一些好的创意点及剧本写作方式。图7-22所示为剧本联盟官网首页。

图 7-22　剧本联盟官网首页

7.4　连续性剧情向剧本

以往我们说的短视频剧本，主要是指单个的短视频，不需要前后连贯，只需要讲好那一集的主题即可。而连续性剧情向的剧本主要是指创作短视频剧集，跟电视剧的形式差不多，一集结束之后，会有下一集接上，而且前后剧情是连续、连贯的。

写这种类型的短视频剧本，对创作者来说，会更有难度。因为是短视频，所以每一集都需要有亮点，即能够让观众留下来的关注点。如果观众觉得某一集短视频很无聊的话，就很有可能不会继续追下去了，那么就算前面的短视频剧本写得再好，也救不回来了。如果写好了这个剧本，那么观众就会对你下次推出的短视频有期待，粉丝黏性也会极大地提高。

由此可见，写好连续性剧情向的短视频剧本是非常有挑战性的。那么，如何写好就是创作者需要学习的。本节就来为大家介绍创作连续性剧情向剧本的相关技巧。

7.4.1　写好大纲

在创作剧本的时候，创作者先要有创意，即确定整个故事要讲什么，然后就是剧情的梗概，这都是创作剧本前就应该准备好的。

想要写好连续性剧情向的短视频剧本，创作者首先要写好剧本的大纲，即故事的大体框架。下面就来介绍写好剧本大纲的相关方法与技巧。

1. 优点

写好剧本大纲主要有4个优点，具体内容如图7-23所示。

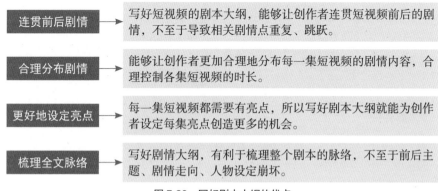

连贯前后剧情	写好短视频的剧本大纲，能够让创作者连贯短视频前后的剧情，不至于导致相关剧情点重复、跳跃。
合理分布剧情	能够让创作者更加合理地分布每一集短视频的剧情内容，合理控制各集短视频的时长。
更好地设定亮点	每一集短视频都需要有亮点，所以写好剧本大纲就能为创作者设定每集亮点创造更多的机会。
梳理全文脉络	写好剧情大纲，有利于梳理整个剧本的脉络，不至于前后主题、剧情走向、人物设定崩坏。

图 7-23　写好剧本大纲的优点

2. 内容

既然写好剧本大纲如此重要，那么我们应该怎么来写呢？首先就要了解写好剧本大纲到底要写哪些内容，具体内容如图7-24所示。

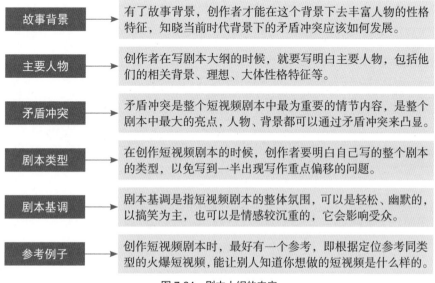

故事背景	有了故事背景，创作者才能在这个背景下去丰富人物的性格特征，知晓当前时代背景下的矛盾冲突应该如何发展。
主要人物	创作者在写剧本大纲的时候，就要写明白主要人物，包括他们的相关背景、理想、大体性格特征等。
矛盾冲突	矛盾冲突是整个短视频剧本中最为重要的情节内容，是整个剧本中最大的亮点，人物、背景都可以通过矛盾冲突来凸显。
剧本类型	在创作短视频剧本的时候，创作者要明白自己写的整个剧本的类型，以免写到一半出现写作重点偏移的问题。
剧本基调	剧本基调是指短视频剧本的整体氛围，可以是轻松、幽默的，以搞笑为主，也可以是情感较沉重的，它会影响受众。
参考例子	创作短视频剧本时，最好有一个参考，即根据定位参考同类型的火爆短视频，能让别人知道你想做的短视频是什么样的。

图 7-24　剧本大纲的内容

3. 技巧

了解完剧本大纲的具体内容后，接下来就需要知道如何去写剧本大纲了。写剧本大纲是创作者在创作短视频剧本时不可避免的一个步骤，写好剧本大纲主要有4个技巧，具体内容如图7-25所示。

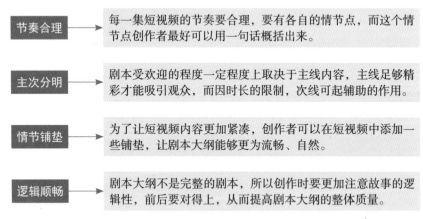

节奏合理	每一集短视频的节奏要合理，要有各自的情节点，而这个情节点创作者最好可以用一句话概括出来。
主次分明	剧本受欢迎的程度一定程度上取决于主线内容，主线足够精彩才能吸引观众，而因时长的限制，次线可起辅助的作用。
情节铺垫	为了让短视频内容更加紧凑，创作者可以在短视频中添加一些铺垫，让剧本大纲能够更为流畅、自然。
逻辑顺畅	剧本大纲不是完整的剧本，所以创作时要更加注意故事的逻辑性，前后要对得上，从而提高剧本大纲的整体质量。

图 7-25　写好剧本大纲的技巧

7.4.2　确立主线

写好剧本大纲之后，创作者就需要确立好故事的主线。主线内容是短视频剧本最重要的内容，主线内容占的篇幅最大，故事情节最丰富，而且是整个短视频产生的重要因素。

1. 优点

主线内容是指贯穿整个短视频剧本的内容，故事情节的发展、人物的设置都要服务于主线内容。确立故事主线主要有3个优点，具体内容如图7-26所示。

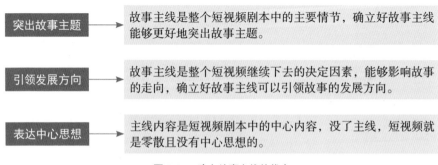

突出故事主题	故事主线是整个短视频剧本中的主要情节，确立好故事主线能够更好地突出故事主题。
引领发展方向	故事主线是整个短视频继续下去的决定因素，能够影响故事的走向，确立好故事主线可以引领故事的发展方向。
表达中心思想	主线内容是短视频剧本中的中心内容，没了主线，短视频就是零散且没有中心思想的。

图 7-26　确立故事主线的优点

2. 技巧

了解完确立故事主线的优点之后，接下来就应该了解应该怎样设计故事主线。设计主线有3个技巧，具体内容如图7-27所示。

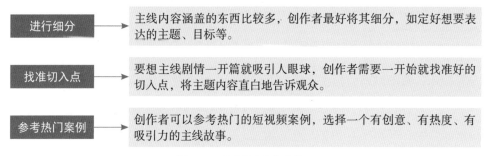

进行细分	主线内容涵盖的东西比较多，创作者最好将其细分，如定好想要表达的主题、目标等。
找准切入点	要想主线剧情一开篇就吸引人眼球，创作者需要一开始就找准好的切入点，将主题内容直白地告诉观众。
参考热门案例	创作者可以参考热门的短视频案例，选择一个有创意、有热度、有吸引力的主线故事。

图 7-27　设计故事主线的技巧

★ 温 馨 提 示 ★

因为是连续性剧情向的短视频，所以整体的篇幅还算比较长，有足够的时长去安排剧情走向。如果单独只讲主线内容是难以支撑整个短视频的，而且还会显得整个短视频内容极为单调、空洞。

支线内容可以起到辅助主线内容的作用，所以在连续性剧情向的短视频中，创作者也可以设计一些支线内容。既能促进主线内容的发展，使其剧情更为流畅和自然，又能丰富整个短视频的情节，凸显主题思想。

7.4.3　情境设计

创作连续性剧情向的剧本时，创作者要注意情境的设计，而且要注意以下事项，具体内容如图7-28所示。

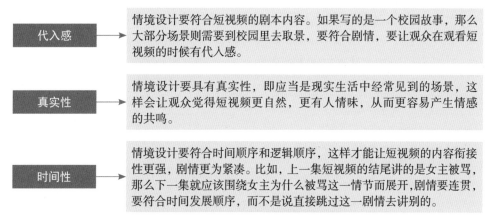

代入感	情境设计要符合短视频的剧本内容。如果写的是一个校园故事，那么大部分场景则需要到校园里去取景，要符合剧情，要让观众在观看短视频的时候有代入感。
真实性	情境设计要具有真实性，即应当是现实生活中经常见到的场景，这样会让观众觉得短视频更自然，更有人情味，从而更容易产生情感的共鸣。
时间性	情境设计要符合时间顺序和逻辑顺序，这样才能让短视频的内容衔接性更强，剧情更为紧凑。比如，上一集短视频的结尾讲的是女主被骂，那么下一集就应该围绕女主为什么被骂这一情节而展开，剧情要连贯，要符合时间发展顺序，而不是说直接跳过这一剧情去讲别的。

图 7-28　创作连续性剧情向剧本时的注意事项

★ 温馨提示 ★

为了能更加引起观众的共鸣，创作者在创作短视频剧本时，可以先去相关平台上查看热门短视频，观察其情境的设计。然后按照这个思维，根据自己的剧情去设计情境，吸引目标受众的注意。

7.4.4　内容转折

创作连续性剧情向的剧本，在内容上一定要有吸引人的情节点，即需要内容有冲突、有反转，剧情跌宕起伏，才能牢牢抓住观众的好奇心理，使其产生观看该短视频的兴趣。

内容有转折主要是指情节有起伏、情感有变化，创作者在创作连续性剧情向的剧本时，内容转折的优点主要有3个，具体内容如图7-29所示。

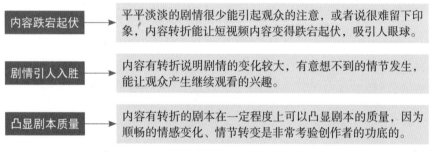

内容跌宕起伏 ——→ 平平淡淡的剧情很少能引起观众的注意，或者说很难留下印象，内容转折能让短视频内容变得跌宕起伏，吸引人眼球。

剧情引人入胜 ——→ 内容有转折说明剧情的变化较大，有意想不到的情节发生，能让观众产生继续观看的兴趣。

凸显剧本质量 ——→ 内容有转折的剧本在一定程度上可以凸显剧本的质量，因为顺畅的情感变化、情节转变是非常考验创作者的功底的。

图7-29　内容转折的优点

情感有变化主要是指情感基调有变化。比如，刚开始剧情中男女主的情感是开心、快乐的，但是因为某些事情的影响，到短视频的中后期，他们两个分开了，情感基调由乐转悲。这也算是内容有转折的表现，能让观众记忆犹新。

比如，在电视剧《仙剑奇侠传》中，女主因为拯救苍生死了，情节既悲又虐，但是却让人久久不能忘怀。而且，"宿命"这一主题思想也紧紧围绕着剧情发展，从一定程度上体现了剧本创作的水平。

第 8 章　整体表达：文案、标题与剧本的配合

　　短视频内容的好坏直接决定了账号的成功与否，观众之所以关注你、喜欢你，很大一部分原因就在于你的内容成功吸引了他。而且，短视频的文案、标题与剧本三者要相互配合，从整体上去表达短视频的主题，让更多观众可以看到。

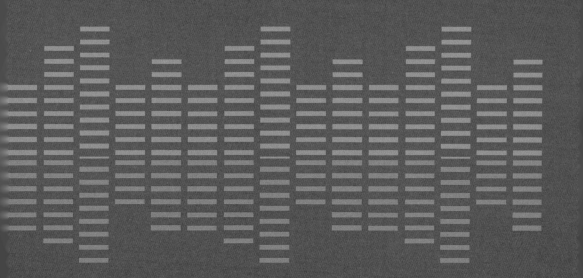

8.1 标题写作原则

标题是短视频的重要组成部分，要做好短视频内容，应重点关注短视频标题的策划。策划短视频标题必须掌握一定的技巧和写作标准，只有熟练掌握标题策划必备的要素，才能更好、更快地撰写标题。本节就来为大家介绍标题写作的3大要点。

8.1.1 与内容紧密联系

标题是短视频的"窗户"，观众如果能从这扇窗户中看到短视频的大致内容，就说明这一标题是合格的。换句话说，就是标题要能体现出短视频内容的主题。

虽然标题的作用就是吸引短视频观众，但是如果观众被某一标题吸引，点击查看内容后却发现标题和内容主题联系得不紧密，或者完全没有联系，就会降低观众对短视频的信任度，而短视频的点赞量和转发量也将被拉低。

这就要求创作者在策划短视频标题的时候，一定要注意所写的标题与内容主题的联系紧密，切勿"挂羊头卖狗肉"，做标题党，而且应该尽可能地让标题与内容紧密关联，如图8-1所示。

图 8-1　紧密联系主题的标题示例

一般来说，好的短视频标题要能够抓住观众的心理。创作者撰写标题和观众阅读标题其实是一个相互的过程。在创作者想要传达某些思想或要点给观众的同时，观众也希望通过标题就可以看到将要从短视频当中获得的内容。

8.1.2　突出短视频重点

一个标题的好坏直接决定了短视频点击量、完播率的高低。所以，在策划标题时，一定要简洁明了、重点突出，标题字数不要太多，最好能够朗朗上口，这样才能让观众在短时间内就能清楚地知道你想要表达的是什么，观众也就自然愿意点击查看短视频内容了。

在策划短视频标题的时候，要注意标题用语的简练，且能够突出重点，切忌标题成分过于复杂。标题越简单、明了，观众在看到标题的时候，就越会有一个比较舒适的视觉感受，阅读起来也更为方便。

图8-2所示为简洁明了的短视频标题示例。该标题虽然字数很少，但观众却能从中看出短视频的主要内容，这样的标题就很好。

图 8-2　简洁明了的短视频标题示例

8.1.3 抓住观众的眼球

标题是一个短视频的"眼睛"，在短视频中起着十分重要的作用。标题展示了一个短视频的大意、主旨，甚至是对故事背景的诠释，所以一个短视频相关数据的高低，与标题有着不可分割的联系。

短视频的标题要想吸引观众，就必须要有点睛之处。给标题"点睛"是有技巧的，在策划标题的时候，创作者可以加入一些能够吸引观众眼球的内容，特别是跟现实生活息息相关的，能引起观众的情感共鸣，让观众对短视频内容产生好奇心，如图8-3所示。

图 8-3 抓住观众眼球的短视频标题示例

8.2 文案优化技巧

在制作短视频内容之前，首先应该明确其主题内容，并以此拟订标题文案，从而使得标题与内容能够紧密相连。无论短视频的主题内容是什么，最终目的还是吸引观众去点击、观看、评论以及分享，从而为账号带来流量。因此，掌握撰写有吸引力的短视频标题文案技巧是很有必要的。

想要深入学习如何撰写爆款短视频标题，就要了解爆款标题文案的特点。本节将从爆款标题文案的特点出发，重点介绍4大文案优化技巧，帮助创作者更好地打造爆款短视频标题文案。

8.2.1　控制好字数

部分创作者为了在标题中将短视频的内容讲清楚，会把标题写得很长。那么，是不是标题越长就越好呢？其实，在撰写短视频标题时，创作者应该将字数控制在一定的范围内。

在智能手机品类多样的情况下，不同型号的手机一行显示的字数也是不一样的。一些图文信息在自己手机里看着是一行，但在其他型号的手机里可能就是两行了。在这种情况下，标题中的有些关键信息就有可能被隐藏起来，不利于观众了解标题中描述的重点信息。

图8-4所示为标题字数太多无法完全显示的短视频标题示例。可以看到，该短视频界面中的标题文字因为字数太多，无法完全显示出来，所以标题的后方显示为省略号，需要点击"展开"按钮才能显示完整。当观众看到这些标题后，可能难以在第一时间准确把握短视频的主要内容，这样一来，短视频标题也就很难发挥其应有的作用。

图 8-4　标题字数太多无法完全显示的短视频标题示例

因此，在创作短视频标题文案时，在重点内容和关键词的选择上要有所取舍，把最主要的内容呈现出来即可。标题本身就是短视频内容的精华提炼，字数过长会显得不够精练，同时也容易让观众丧失查看短视频内容的兴趣，因此将标题字数控制在适当的长度才是最好的。

当然，有时候创作者也可以借助标题中的省略号来勾起观众的好奇心，让观众想要了解那些没有显示出来的内容是什么。不过，这就需要创作者在撰写标题的时候把握好这个引人好奇的关键点了。

创作者在撰写短视频标题时要注意，标题应该尽量简短。俗话说"浓缩的就是精华"，短句子本身不仅生动简单又内涵丰富，且越是短的句子，越容易被人接受和记住。创作者撰写短视频标题的目的就是要让观众更快地注意到标题，并被标题吸引，进而点击查看短视频内容，增加短视频的播放量。这就要求创作者在撰写短视频标题时，要让其在最短的时间内吸引观众的注意力。

如果短视频标题中的文案过于冗长，就会让观众失去耐心。这样一来，短视频标题将难以达到很好的互动效果。通常来说，撰写简短标题需要把握好两点：用词精练、用句简短。

创作者在撰写短视频标题时，要注意标题用语的精练，切忌标题成分过于复杂。简练的标题，会给观众更舒适的视觉感受，阅读标题内容也更为方便。

8.2.2 语言通俗易懂

短视频文案的受众比较广泛，其中便包含了一些文化水平不是很高的人群。因此，在语言上的要求是尽可能形象化和通俗化。

从通俗化的角度而言，就是尽量少用华丽的辞藻和不实用的描述，照顾到绝大多数观众的语言理解能力，利用通俗易懂的语言来撰写标题。否则，不符合观众口味的短视频文案，很难吸引他们的互动。为了实现短视频标题的通俗化，创作者可以重点从3个方面着手，如图8-5所示。

图 8-5 短视频标题通俗化的要求

其中，添加生活化的元素是一种使标题通俗化的常用和简单的方法，也是一种行之有效的营销宣传方法。利用这种方法，可以把专业性的、不易理解的词汇和道理通过生活元素形象、通俗地表达出来。

总之，创作者在撰写短视频的标题文案时，要尽量通俗易懂，让观众看到标题后能更好地理解其内容，从而让他们更好地接受短视频中的观点。

8.2.3　形式要新颖

在短视频文案的写作中，标题的形式千千万万，创作者不能只是拘泥于几种常见的标题形式，因为普通的标题早已不能够吸引每天都在变化的观众了。

那么，什么样的标题才能够引起观众的注意呢？下面为大家介绍3种比较具有实用性且又能吸引观众关注的做法。

（1）在短视频标题文案中使用问句，能在很大程度上激发观众的兴趣和参与度。比如，"你想成为一个事业和家庭都成功的人士吗？""早餐、午餐、晚餐的比例到底怎样划分才更加合理？"等，这些标题对于那些急需解决这方面问题的观众来说是十分具有吸引力的。

（2）短视频标题文案中的元素，越详细越好，越是详细的信息对于那些需求紧迫的观众来说，就越具有吸引力。比如，上面所说的"你想成为一个事业和家庭都成功的人士吗？"如果笼统地写成"你想成功吗？"这样标题文案的针对性和说服力都会大打折扣。

（3）要在短视频标题文案之中，将能带给观众的利益明确地展示出来。观众在标题中看到有利于自身的东西，才会去注意和查阅。所以，创作者在撰写标题文案时，要突出带给观众的利益要点，才能吸引他们的目光，让观众对文案内容产生兴趣，进而点击查看短视频内容。

★ 温 馨 提 示 ★

创作者在撰写短视频的标题文案时，要学会用新颖的标题来吸引观众的注意力。对于那些千篇一律的标题，观众看多了也会产生审美疲劳，而适当的创新则能让他们的感受大有不同。

8.2.4　体现出实用性

短视频文案内容撰写的目的主要就在于告诉观众，通过了解和关注短视频内容，能获得哪些方面的实用性知识或能得到哪些具有价值的信息。因此，为了提升短视频的点击量，创作者在写标题时应该对其实用性进行展现，以此来最大限度地吸引观众的眼球。

比如，与情感有关的短视频账号，都会在短视频内容的最后介绍一些有价值、跟现实生活息息相关的道理，并在标题文案当中将其展示出来，观众看到这一文案之后，就会点击查看该短视频。

像这类具有实用性的短视频标题，创作者在撰写时就对短视频内容的实用性和针对对象作了说明，为那些需要相关方面知识的观众提供了实用性的解决方案。

【镜头拍摄】

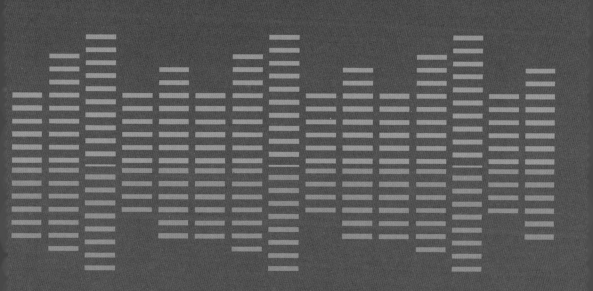

第9章 镜头语言：用镜头传递视频内容

以人为例，我们在形容一个事物或表述一个事件时，通常会采取口语、文字等描述方式，而短视频表达事件的方式则是借助镜头语言，通过镜头拍摄画面、融入声像资料，以及剪辑串联镜头来实现完整的表达。

9.1 短视频的艺术表现形式

短视频是一种视听艺术，之所以能被观众欣赏，主要得益于视频的画面和声音，即短视频主要的艺术表现形式。本节将主要介绍短视频艺术表现形式的相关内容。

9.1.1 视频影像

视频影像即视频画面，包含画框与构图、景别与角度、焦距与景深、场面调度4个方面的内容。短视频创作者掌握好这4个方面的内容可以使短视频呈现出别致的效果。下面将对这些内容进行详细介绍。

1. 画框与构图

画框与构图是创作者使用拍摄设备进行取景的范围。画框指画面的大小，是视频影像构建的基础，其存在界定了创作者的绘图范围和观赏者的欣赏区域。画框具有以下几个作用，如图9-1所示。通常来说，视频的画框为16∶9。

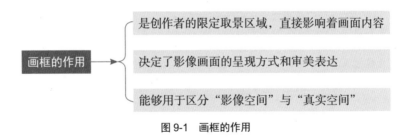

图 9-1　画框的作用

画框将空间分为"画内空间"和"画外空间"。"画内空间"即创作者所拍摄的影像世界，而好的视频内容通常不仅仅呈现出"画内空间"，可以通过叙事与表意使观众联想到"画外空间"，进而传达出更为深层的含义。因此，巧妙地构建"画外空间"也是短视频创作者所要掌握的创作技巧，具体可以参考以下几种方式。

（1）拍摄被摄对象"出画"的画面，可以构建"画外空间"，结合叙事情节，引发观众的想象。比如，影视剧中以男女主角举办完婚礼为剧终，观众在观看完之后会自然而然地联想男女主角婚后的甜蜜生活，而这些联想并未被画面呈现出来。

（2）拍摄画面中的人物指向画外的视线或动作，可以引导观众联想画外空间。

（3）拍摄时，画外的人或物的局部出现在画面中，如画外人物的影子被呈现在画内，可以唤起观众的生活经验，对其人物形象产生完整的联想。

（4）画外音。借助画面外的声音来传达某一事件或叙述某一个故事，可以打破画内空间的封闭性，引发观众的联想。

通常情况下，画框取景的范围影响着构图。构图是指在一定范围内的画面比例中，被摄对象、光影、色彩、线条等元素有机地组合在一起，形成完整的、有美感的影片。

创作者进行视频构图可以遵循以下4个规律，如图9-2所示。

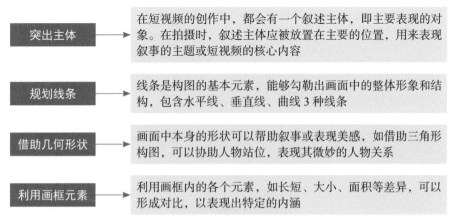

图 9-2 视频构图的规律

2. 景别与角度

景别是指被摄对象在画面中的大小和范围，通过变换景别可以调整构图。一般情况下，景别可以根据画框中所截取的人或物的大小划分为远景、全景、中景、近景和特写，不同的景别具有不同的特征，创作者可以根据短视频剧情进行选择。

拍摄设备与被拍摄对象之间的距离不同会产生不同的景别，高度与方向不同则会产生不同的角度。角度是指视频拍摄者呈现画面的不同立场或所处的不同方位，包含正面、侧面、背面、平视、仰拍、俯拍等，详细内容详见本书第3章，在此就不再赘述。

3. 焦距与景深

焦距是指摄像设备镜头的光学透镜主点到焦点的距离，单位为毫米。焦距从不同的角度可以划分为不同的类型，具体说明如下。

（1）根据光学镜头焦距的可调与不可调，可以划分为变焦镜头和定焦镜头。

（2）根据镜头焦距长短的不同，可以划分为标准镜头、长焦镜头和短焦镜头，分别介绍如下。

· 标准镜头：指焦距在35～50毫米范围内的镜头，所拍摄画面符合人眼的观赏习惯，比较客观与自然。

· 长焦镜头：又称"望远镜头"，焦距通常大于50毫米，可以将远处的景物拉近进行拍摄，但会改变原本现实空间的视觉效果。比如，使用长焦镜头拍摄，在表现纵深方向上移动的物体时，会呈现出"减速"的视觉效果。

· 短焦镜头：焦距短于标准镜头，所拍摄的画面范围较大，镜头越近，景物成像越大，反之则越小，呈现出一种"近大远小"的视觉效果。

焦距的长短决定着不同的景深效果。景深是一种用作扩展画面空间深度的拍摄手法，指"在光学镜头下，画面中形成影像清晰的纵深范围"。根据景深范围内的画面清晰程度，可以划分为浅景深与深景深。其中，浅景深呈现的画面效果，会有前景画面清晰、背景画面模糊的视觉美感，深景深则相反。

4.场面调度

场面调度指拍摄者对人物和镜头的整体设计，包括人物调度、镜头调度和综合调度3种类型，详细介绍如图9-3所示。

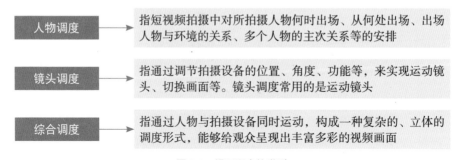

图 9-3　场面调度的类型

9.1.2　视频声音

视频声音是短视频的重要艺术表现形式之一，与画面相搭配，使视频呈现出好的视听效果。视频声音包含人声、音乐和音响3个部分，在短视频的创作中，它们各司其职，也相互联系，以听觉造型的方式成就好的美学形态。下面将对视频声音的这3个部分进行详细介绍。

1.人声

人声指短视频中的人物发出的声音，用于讲述故事、表现人物性格和传达情绪等。人声按照不同的表现方式可以分为对白、独白和旁白3种类型，具体内容如图9-4所示。

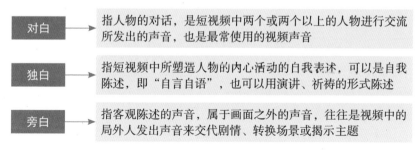

图 9-4　人声的不同类型

2. 音乐

音乐是一种源远流长的艺术形式，它被加工、处理后融入视频画面中，可以帮助视频呈现出更好的视听效果。具体而言，音乐在短视频中可以发挥以下几个作用，如图9-5所示。

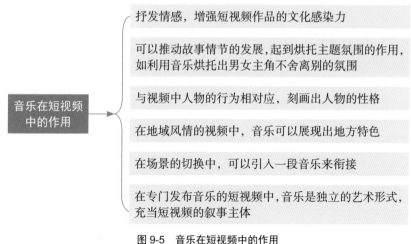

图 9-5　音乐在短视频中的作用

3. 音响

在短视频中，音响被称为音效或效果音，是除了对白和音乐之外所有声音的总称。大体上来说，音响分为以下两种类型。

（1）自然音响：指自然界非人物的动作行为发出的声音，如鸟叫声、海浪声、下雨声等。

（2）效果音响：指人为地模拟自然界或他人发出的声音，如使用道具模拟出来的电闪雷鸣声。

9.1.3 拍摄手法

这里的拍摄手法是指一些非常规的拍摄技巧，主要服务于短视频的艺术构思，目的是使短视频呈现出一个完整的、具有艺术感的效果。在短视频中，主要的拍摄手法有蒙太奇和长镜头，下面就来详细介绍。

1. 蒙太奇

蒙太奇取自建筑术语，表示构成、装配之意，引申到艺术领域，表示镜头之间的拼接、组合。它是电影创作常用的方法，可以在剪辑中拼接镜头，也可以作为一种思维方法来指导电影的叙事。

蒙太奇手法主要分为叙事蒙太奇和表现蒙太奇两种类型。其中，叙事蒙太奇是视频创作中最常用的蒙太奇结构形式，可以推动故事情节的发展，助力凸显短视频叙事的主旨。叙事蒙太奇有以下几种常用的技巧，如图9-6所示。

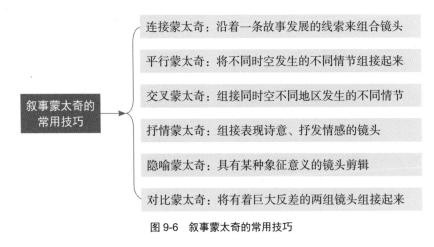

连接蒙太奇：沿着一条故事发展的线索来组合镜头

平行蒙太奇：将不同时空发生的不同情节组接起来

交叉蒙太奇：组接同时空不同地区发生的不同情节

叙事蒙太奇的常用技巧 → **抒情蒙太奇**：组接表现诗意、抒发情感的镜头

隐喻蒙太奇：具有某种象征意义的镜头剪辑

对比蒙太奇：将有着巨大反差的两组镜头组接起来

图 9-6　叙事蒙太奇的常用技巧

2. 长镜头

长镜头是指短视频拍摄中拍摄时长超过30秒的单一镜头，它可以用来表达创作者想让观众知晓的某种思想或意图。

长镜头具有以下3个特征，具体内容如图9-7所示。

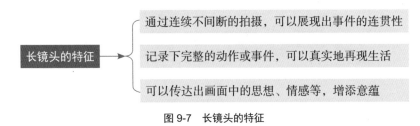

长镜头的特征 → 通过连续不间断的拍摄，可以展现出事件的连贯性

记录下完整的动作或事件，可以真实地再现生活

可以传达出画面中的思想、情感等，增添意蕴

图 9-7　长镜头的特征

9.2　短视频的镜头表述语言

如今，短视频已经形成了一条完整的商业产业链，越来越多的企业、机构开始用短视频来进行宣传推广，因此短视频的脚本创作也越来越重要。

而要写出优质的短视频脚本，创作者还需要掌握短视频的镜头语言，使视频制作更具专业性与高级感，这些也是短视频行业中的高级玩家和专业玩家必须掌握的常识。本节就来为大家介绍短视频镜头表述语言的相关内容。

9.2.1　专业的镜头术语

对普通的短视频创作者来说，通常都是凭感觉拍摄和制作短视频作品的，这样显然是事倍功半的。要知道，很多专业的短视频机构，他们制作一条短视频通常只有很少的时间，主要是通过镜头语言来提升效率的。

镜头语言也称为镜头术语，常用的短视频镜头术语除了画框、构图、景别等，还有运镜、用光、转场、时长、关键帧、定格、闪回等，这些也是短视频脚本中的重点元素，具体介绍如图9-8所示。

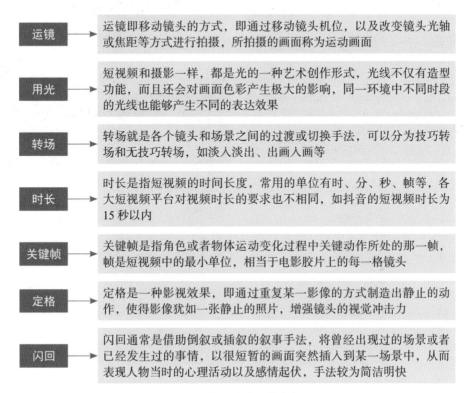

| 运镜 | 运镜即移动镜头的方式，即通过移动镜头机位，以及改变镜头光轴或焦距等方式进行拍摄，所拍摄的画面称为运动画面 |

| 用光 | 短视频和摄影一样，都是光的一种艺术创作形式，光线不仅有造型功能，而且还会对画面色彩产生极大的影响，同一环境中不同时段的光线也能够产生不同的表达效果 |

| 转场 | 转场就是各个镜头和场景之间的过渡或切换手法，可以分为技巧转场和无技巧转场，如淡入淡出、出画入画等 |

| 时长 | 时长是指短视频的时间长度，常用的单位有时、分、秒、帧等，各大短视频平台对视频时长的要求也不相同，如抖音的短视频时长为15秒以内 |

| 关键帧 | 关键帧是指角色或者物体运动变化过程中关键动作所处的那一帧，帧是短视频中的最小单位，相当于电影胶片上的每一格镜头 |

| 定格 | 定格是一种影视效果，即通过重复某一影像的方式制造出静止的动作，使得影像犹如一张静止的照片，增强镜头的视觉冲击力 |

| 闪回 | 闪回通常是借助倒叙或插叙的叙事手法，将曾经出现过的场景或者已经发生过的事情，以很短暂的画面突然插入到某一场景中，从而表现人物当时的心理活动以及感情起伏，手法较为简洁明快 |

图 9-8　常用的短视频镜头术语

9.2.2 镜头语言之转场

无技巧转场是通过一种十分自然的镜头过渡方式来连接两个场景的，整个过渡过程看上去非常合乎情理，能够达到承上启下的作用。

当然，无技巧转场并非完全没有技巧，它是利用人的视觉转换来安排镜头的切换的，因此需要找到合理的转换因素和适当的造型因素。

比如，空镜头（又称"景物镜头"）转场是指画面中只有景物没有人物的镜头，具有非常明显的间隔效果，不仅可以渲染气氛、抒发感情、推进故事情节和刻画人物的心理状态，而且还能够交代时间、地点和季节的变化等。图9-9所示为用于描述环境的空镜头示例。

图 9-9 用于描述环境的空镜头示例

★ 温馨提示 ★

除空镜头转场外，常用的无技巧转场方式还有两极镜头转场、同景别转场、特写转场、声音转场、封挡镜头转场、相似体转场、地点转场、运动镜头转场、同一主体转场、主观镜头转场、逻辑因素转场等。

技巧转场是指通过后期剪辑软件在两个片段中间添加转场特效，来实现场景的转换。常用的技巧转场方式有淡入淡出、缓淡—减慢、闪白—加快、划像（二维动画）、翻转（三维动画）、叠化、遮罩、幻灯片、特效、运镜、模糊、多画屏分割、光效、故障和自然等。

　　以下示例为一个视频采用的幻灯片中的"立方体""翻页""开幕"转场效果，能够让视频画面像画圆和书本翻页一样切换到下一场景，如图 9-10、图 9-11 和图 9-12 所示。

图 9-10　幻灯片中的"立方体"转场效果

图 9-11

图 9-11　幻灯片中的"翻页"转场效果

图 9-12 幻灯片中的"开幕"转场效果

9.2.3 镜头语言之多机位拍摄

多机位拍摄是指使用多个拍摄设备，从不同的角度和方位拍摄同一场景，适合用于规模宏大或者角色较多的拍摄场景，如访谈类、杂志类、演示类、谈话类及综艺类等短视频类型。图9-13所示为一种谈话类视频的多机位设置图。

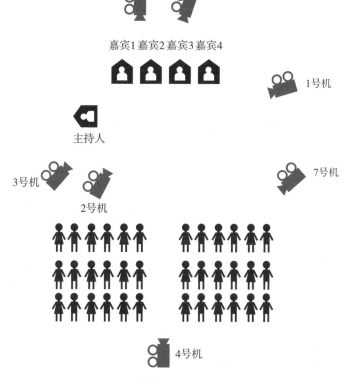

图 9-13 一种谈话类视频的多机位设置图

从图中可以看出，该谈话类视频共安排了7台拍摄设备。1、2、3号机用于拍摄主体人物，其中1号机（带有提词器设备）重点用于拍摄主持人；4号机安排在后排观众的背面，用于拍全景、中景或中近景；5号机和6号机安排在嘉宾的背面，需要用摇臂将其架高一些，用于拍摄观众的反应镜头；7号机则专门用于拍观众。

多机位拍摄可以通过各种景别镜头的切换，让视频画面更加生动、更有看点。另外，如果某个机位的画面有失误或瑕疵，也可以用其他机位的画面来弥补。通过不同的机位来回切换镜头，可以让观众不容易产生视觉疲劳，并保持更久的关注度。

9.2.4　镜头语言之"起幅"与"落幅"

"起幅"与"落幅"是拍摄运动镜头时非常重要的两个术语，在后期制作中可以发挥很大的作用，相关介绍如图9-14所示。

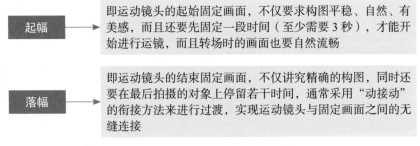

图 9-14　"起幅"与"落幅"的相关介绍

"起幅"与"落幅"的固定画面可以用来强调短视频中要重点表达的对象或主题，而且还可以单独作为固定镜头使用。

第 10 章　拍摄技巧：让视频画面更显高级

　　要想成为一名优秀的短视频编剧，还需要掌握一些拍摄技巧，因为不同的拍摄手法与镜头也能够在一定程度上丰富短视频的内容，提高短视频的质量。创作者掌握了拍摄技巧，就能在一定程度上提高拍摄进度，表达出剧本的内涵。

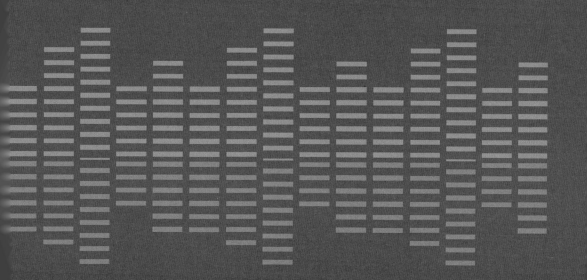

10.1 拍摄设备与取景构图

想要提高拍摄技巧，就需要做一些前期准备，如选择拍摄设备，选择取景构图方法等。本节就来为大家介绍拍摄前期准备的相关内容。

10.1.1 选择拍摄设备

在进行运镜拍摄时，最主要的设备就是手机。由于目前手机的镜头处理越来越成熟了，甚至有些还能媲美一些相机，所以用手机进行运镜拍摄也是最方便的。当然，除了手机，还需要一些额外的设备来辅助拍摄。

1. 如何用手机拍摄高清画面

低画质的视频，会让观众失去观看的兴趣。如何用手机拍摄出高清的画面呢？下面将介绍几个细节，让大家在之后的运镜拍摄中，提前做好准备。

（1）选择拍摄性能更好的手机

在选择手机时，主要关注手机的视频分辨率规格、视频拍摄帧速率、防抖性能、对焦能力、电池容量以及存储空间等因素，尽量选择一款拍摄画质稳定、流畅，并且可以方便地进行后期拍摄创作的智能手机。

（2）使用4K分辨率进行拍摄

目前大部分的手机都支持4K分辨率，iPhone 14 Pro以上的机型甚至可以支持8K分辨率。对于大部分的手机相机设置，默认分辨率都是1080p，如果想要获得更高清的画面，就需要开启4K模式。

（3）使用第三方App进行拍摄

如果想要手机里的相机性能达到最大化的使用，可以使用第三方App进行拍摄。比如Protake和Filmic Pro等拍摄App，它们可以利用手机强大的算法，实现高码流拍摄。

当然，第三方App只是起辅助作用。在实际的操作中，快速打开相机进行拍摄可能才是效率最高的。但如果拍摄时间充足，就可以采用第三方App拍摄。

（4）保持背景干净、灯光充足

干净的背景给人一种简约清爽的感觉，而杂乱的背景会让观众觉得视频的质感很差。通常在夜晚拍摄的时候，画面噪点也是最多的，随着光线的减弱，画质也逐渐变差。所以，灯光对拍摄来说是非常重要的，无论是自然光，还是人造灯光，都可以修饰画面。

在自然光下进行拍摄，最好选择早上8—10点或者下午4—6点，这些时间段

的光线最柔和。其他人造灯光的设备有摄影灯箱、顶部射灯和美颜面光灯，这些
打光设备不仅能够增强画面氛围，而且还可以利用光线来创作出更多有艺术感的
视频作品。

（5）选择高清上传方式

在短视频平台分享视频时，也是有技巧的。比如，在抖音平台中，最好选择
在电脑端官网平台中上传视频，这样就能保证上传的视频不会被压缩。

2. 手机稳定器的选择

在使用手机进行运镜拍摄时，运用手机稳定器做支撑，可以起到一定的防抖
作用，让拍摄出来的画面更加稳定。比如，大疆OM 4 SE，创作者需要提前在手
机软件商店里下载好DJI Mimo App，把稳定器与手机装载好，然后连接上蓝牙，
就可以使用了。

除了大疆OM 4 SE，市场上热销的手机稳定器还有魔爪Mini-S、智云 Smooth
Q2、iSteady V2等。无论是哪个品牌或者型号的稳定器，我们最主要的关注点还
是防抖、功能齐全和轻便，至于其他的要求或者额外卖点，大家可以根据自己的
经济承受能力进行理性消费。

不过，当你购买了手机稳定器之后，一定要多拍，不能让其"吃灰"。所以
对于运镜新手，建议购买性价较高的稳定器就可以了；而对于器械党，或者从事
专业运镜的人员，可以稍微提升经济预算进行购买。

10.1.2　拍摄角度与分类

拍摄角度是无处不在的，几乎每个视频都会透露出其拍摄角度，而为了拍摄
出更好的视频，让运镜更具美感，拍摄角度的选择是一个必学的拍摄知识。

1. 拍摄角度是什么

拍摄角度包括拍摄高度、拍摄方向和拍摄距离，下面就来详细介绍。

（1）拍摄高度

根据拍摄高度可以简单分为平拍、俯拍和仰拍三种。复杂一点细分，平拍中
有正面拍摄、侧面拍摄和斜面拍摄。再拓展高度，还有顶摄、倒摄和侧反拍摄。

① 正面拍摄的优点是给观众一种完整和正面的形象，缺点是较平面、不够
立体；侧面拍摄主要从模特的左右两侧进行拍摄，特点是有利于勾勒对象的侧面
轮廓；斜面拍摄是介于正面、侧面之间的拍摄角度，可以突出被摄对象的两个侧
面，给观众一种鲜明的立体感。

② 俯拍主要是用相机镜头从高处向下拍摄，视野比较广阔，画面中的人物

也会显得比较小。

③ 仰拍是指镜头从低处往上拍摄，能让被摄对象变得十分高大。

④ 顶摄是指相机镜头拍摄方向与地面垂直，在拍摄表演的时候比较常见；倒摄是一种与物体运动方向相反的拍摄方式，在专业的影视摄像中比较常见，如拍摄惊险画面时；侧反拍摄主要是从被摄对象的侧后方进行拍摄，画面中的人物主要都是背影，面部呈现较少，可以产生神秘的感觉。

（2）拍摄方向

拍摄方向是指以被摄对象为中心，在同一水平面上围绕被摄对象四周选择摄影点。在拍摄距离和拍摄高度不变的条件下，不同的拍摄方向可展现被摄对象不同的侧面形象，以及主体与陪体、主体与环境的不同组合关系变化。拍摄方向通常分为正面角度、斜侧角度、侧面角度、反侧角度和背面角度。

（3）拍摄距离

拍摄距离指相机镜头和被摄对象之间的距离。在使用同一焦距进行拍摄时，相机镜头与被摄对象之间的距离越近，相机能拍摄到的范围就越小，主体在画面中占据的面积也就越大；反之，拍摄范围越大，主体显得越小。

2. 常用的4种拍摄角度

在实际的拍摄过程中，常用的拍摄角度主要有4种，分别是平角度拍摄、俯视角度拍摄、仰视角度拍摄和斜角度拍摄。

（1）平角度拍摄

平角度拍摄是指让相机镜头与拍摄对象在水平方向保持一致，从而客观地展现被摄主体的画面，也能让画面显得端庄，构图具有对称美。

（2）俯视角度拍摄

俯视角度拍摄就是指相机镜头在高处，然后向下拍摄，也就是俯视，这种角度可以展现画面构图，以及表达主体大小。比如，在拍摄美食、动物和花卉的视频画面时，可以充分展示主体的细节；在拍摄人物的时候，也可以让人物显得更加娇小，如图10-1所示。

俯视角度拍摄也可以根据俯视角度进行细分，如30°俯拍、45°俯拍、60°俯拍、90°俯拍。不同的俯拍角度，拍摄出的视频画面也给人不同的视觉感受。

（3）仰视角度拍摄

仰视角度拍摄，可以突出被摄对象的宏伟壮阔。当拍摄建筑物体时，会产生强烈的透视效果；当仰拍汽车、高山、树木时，会让画面具有气势感；还可以仰拍人物，让画面中的人物变得高大修长，如图10-2所示。

图 10-1　俯视角度拍摄画面示例

图 10-2　仰视角度拍摄画面示例

（4）斜角度拍摄

斜角度拍摄主要是偏离了正面角度，从主体两侧拍摄；或者把镜头倾斜一定的角度，拍摄主体，增强主体的立体感。当以倾斜角度拍摄物体和人物时，会让被摄对象富有立体感和活泼感，让画面不再单调，如图10-3所示。

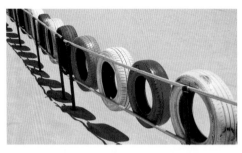

图 10-3　斜角度拍摄画面示例

除了以上4种常用的拍摄角度，可能根据创作者个人的喜好、剧情走向，还有其他的拍摄角度，大家可以根据拍摄习惯进行选择，没有唯一的正解。总之，只有多拍、多去体会和总结，才能在实践中获得更多的经验和知识。

10.1.3　镜头取景

目前的手机摄影和录像技术越来越成熟了，使用手机镜头拍出来的画面也越来越高清。首先，我们需要先认识镜头，然后再学会用镜头取景。下面将带领大家了解镜头对焦和变焦。

1. 对焦

对焦是指通过手机内部的对焦机构来调整物距和相距的位置，从而使被摄对象清晰成像的过程。在拍摄短视频时，对焦是一项非常重要的操作，是影响画面清晰度的关键因素，尤其是在拍摄运动状态的主体时，对焦不准画面就会模糊。

要想实现精准的对焦，首先要确保手机镜头的洁净。手机不同于相机，镜头通常都是裸露在外面的，因此一旦沾染灰尘或污垢等杂物，就会对视野造成遮挡，同时还会使得进光量降低，从而导致无法精准对焦，拍摄的视频画面也会变得模糊不清。

手机通常都是自动进行对焦的，创作者在拍摄视频时也可以通过点击屏幕的方式来进行手动对焦，自由选择对焦点的位置。

2. 变焦

变焦是指在拍摄视频时将画面拉近或者拉远，从而拍到更多的景物或者更远的景物。广角变焦就可以让画面容纳更多的景物；另外，通过变焦功能拉近画面，还可以减少画面的透视畸变，获得更强的空间压缩感。不过，拉近变焦也有弊端，那就是会损失画质，影响画面的清晰度。

图10-4所示为手机相机镜头中的1倍、0.5倍广角和3倍变焦拍摄的画面。

图 10-4　1 倍、0.5 倍广角和 3 倍变焦拍摄的画面

从图10-4可以看出在1倍变焦中，取景画面很真实；在0.5倍广角变焦中，虽然画面中所容纳的景物变多了，但是边缘会有一点畸变；在3倍变焦下，拍摄到了几十米外远处天空中飞行的鸟群，虽然拍摄的距离变远了，但是画面清晰度就不如前两者。

除了拖曳和选择变焦参数，还可以通过双指缩放屏幕，来进行变焦调整，部分手机甚至还可以通过上下音量键来控制焦距。

10.1.4　如何进行构图

在运镜拍摄时，少不了构图。构图是指通过安排各种物体和元素，来实现一个主次关系分明的画面效果。我们在拍摄时，可以通过适当的构图，将剧本中的主题思想和创作意图形象化和可视化，从而创作出更出色的视频画面效果。

1. 选取前景进行构图

前景，最简单的解释就是位于视频被摄主体与镜头之间的事物。前景构图是指利用恰当的前景元素来构图取景，可以使视频画面具有更强烈的纵深感和层次感，同时也能极大地丰富视频画面的内容，使视频更加鲜活饱满。因此，我们在进行拍摄时，可以将身边能够充当前景的事物拍摄到视频画面当中来。

前景构图有两种操作思路，一种是将前景作为陪体，将主体放在近景或背景位置上，用前景来引导视线，使观众的视线聚焦到主体上。图10-5所示为以胶带为前景，突出主体人物的视频画面。

图 10-5　以胶带为前景，突出主体人物的视频画面

另一种则是直接将前景作为主体，也就是虚化背景，突出前景。图10-6所示为突出前景主体，虚化背景的视频画面。主要突出拍摄的采花的蝴蝶和盛开的花儿，让背景虚化了，从而增强了画面的景深感，还提升了视频的整体质感。

在运镜时，可以作为前景的元素有很多，如花草、建筑、树木、水中的倒影、道路、栏杆以及各种装饰道具等。不同的前景有不同的作用，如突出主体、引导视线、增添气氛、交代环境、形成虚实对比、形成框架、丰富画面等。

图 10-6　突出前景主体，虚化背景的视频画面

2. 掌握多种构图方式

对短视频来说，即使是相同的场景，也可以采用不同的构图形式，从而形成不同的画面视觉感受。大家在拍摄时，最好多掌握几种构图方式，让画面更有魅力。

（1）中心构图

中心构图又可以称为中央构图，简而言之，即将视频主体置于画面正中间进行取景。中心构图最大的优点在于主体非常突出、明确，而且画面可以达到上下左右平衡的效果，更容易抓人眼球。

拍摄中心构图的视频非常简单，只需将主体放置在视频画面的中心位置即可，而且不受横竖构图的限制。拍出中心构图效果的相关技巧如下。

① 选择简洁的背景。在使用中心构图时，尽量选择背景简洁的场景，或者主体与背景的反差比较大的场景，这样能够更好地突出主体，如图10-7所示。

图 10-7　中心构图视频画面示例

② 制造趣味中心点。中心构图的主要缺点在于效果比较呆板，因此拍摄时可以运用光影角度、虚实对比、人物肢体动作、线条韵律以及黑白处理等方法，来制造一个趣味中心点，让视频画面更加吸引人眼球。

（2）三分线构图

三分线构图是指将画面在横向或纵向分为三部分，在拍摄视频时，将对象或焦点放在三分线的某一位置上进行构图取景，让对象更加突出，画面更加美观。

三分线构图的拍摄方法十分简单，只需将视频被摄主体放置在拍摄画面的横向或者竖向三分之一处即可。

图10-8所示为左三分线构图视频画面。该视频画面中左三分线处为人物所处的位置，剩余的右侧部分则是背景，形成了左三分线构图，从而展现人物和人物所处的环境，营造闲适的氛围感。

图 10-8　左三分线构图视频画面

　　九宫格构图又叫井字形构图，是三分线构图的综合运用，是指用横竖各两条直线将画面等分为9个空间，不仅可以让画面更加符合人眼的视觉习惯，而且还能突出主体、均衡画面。

　　使用九宫格构图时，不仅可以将主体放在4个交叉点上，也可以将其放在9个空间格内，可以使主体非常自然地成为画面的视觉中心。在拍摄短视频时，创作者可以将手机的九宫格构图辅助线打开，以便更好地对画面中的主体元素进行定位或保持线条的水平。

　　图10-9所示为采用九宫格构图拍摄的视频画面。它将石头安排在九宫格右下角的交叉点上，可以给画面留下大量的留白空间，体现出延伸感。

图10-9　采用九宫格构图拍摄的视频画面

（3）框式构图

　　框式构图又叫框架式构图、窗式构图或隧道构图。框式构图的特征是借助某个框式图形来取景，而这个框式图形，可以是规则的，也可以是不规则的，可以是方形的，也可以是圆的，甚至可以是多边形的。

　　图10-10所示为采用多边形边框和圆形边框构图拍摄的视频画面。借助不规则窗口形成多边形边框，或者借助圆形窗口，将人物、建筑物框在其中，不仅明确地突出了主体，同时还让画面更有创意。

图10-10　采用多边形边框和圆形边框构图拍摄的视频画面

想要拍摄框式构图的视频画面，就需要寻找到能够作为框架的物体，这就需要我们在日常生活中多仔细观察，留心身边的事物。

（4）引导线构图

引导线可以是直线（水平线或垂直线）、斜线、对角线或者曲线，通过这些线条来"引导"观众的目光，吸引他们的兴趣。引导线构图的主要作用如下。

① 引导视线至画面主体。

② 丰富画面的结构层次。

③ 形成极强的纵深效果。

④ 展现出景深和立体感。

⑤ 创造出深度的透视感。

⑥ 帮助观众探索整个场景。

生活场景中的引导线有道路、建筑物、桥梁、山脉、强烈的光影以及地平线等。在很多短视频的拍摄场景中，都会包含各种形式的线条，因此创作者要善于找到这些线条，使用它们来增强视频画面的冲击力。

比如，斜线构图主要利用画面中的斜线来引导观众的目光，同时能够展现物体的运动、变化以及透视规律，可以让视频画面更有活力和节奏感。

（5）对称构图

对称构图是指画面中心有一条"线"把画面分为对称的两部分，可以是画面上下对称（水平对称），也可以是画面左右对称（垂直对称），或者是围绕一个中心点实现画面的径向对称，这种对称画面会给人带来一种平衡、稳定与和谐的视觉感受。

图10-11所示为采用左右对称构图拍摄的视频画面。以建筑中心的分界线为垂直对称轴，画面左右两侧的建筑基本一致，形成左右对称构图，让视频画面的布局更为平衡。

图 10-11　采用左右对称构图拍摄的视频画面

（6）对比构图

对比构图的含义很简单，就是通过不同形式的对比，如大小对比、远近对比、虚实对比、明暗对比、颜色对比、质感对比、形状对比、动静对比、方向对比等，可以强化画面的构图，产生不一样的视觉效果。

对比构图的意义有两点：一是通过对比产生区别，来强化主体；二是通过对比来衬托主体，起辅助作用。对比反差强烈的短视频作品，能够给观众留下深刻的印象。

图10-12所示为使用颜色对比构图拍摄的荷花视频画面。粉色的荷花和绿色的荷叶形成了冷暖对比。颜色对比构图包括色相对比、冷暖对比、明度对比、纯度对比、补色对比、同色对比以及黑白灰对比等多种类型，观众在欣赏视频时，通常会先注意那些鲜艳的色彩，创作者可以利用这一特点来突出视频主体。

图 10-12　使用颜色对比构图拍摄的荷花视频画面

10.2　4种专业级运镜搭配

运用动静结合的方式，把运动镜头与固定镜头搭配在一起，可以产生不一样的"化学反应"。本节将介绍4种在影视专业拍摄中最常见的运镜搭配。

10.2.1　后拉镜头+固定镜头

【效果展示】：后拉镜头+固定镜头是由一组后拉镜头和一组固定镜头搭配的，多角度、多景别地展示模特的状态。效果展示如图10-13所示。

图 10-13　效果展示

【视频扫码】：运镜教学视频画面如图10-14所示。

扫码看教学视频　扫码看案例效果

现场实拍过程图

图 10-14　运镜教学视频画面

【运镜拆解】：下面对脚本和分镜头做详细的介绍。

步骤 01 第一段镜头，创作者在模特正面，拍摄模特膝盖以上的部分，如图10-15所示。

中景

图 10-15　拍摄模特膝盖以上的部分

步骤 02 创作者在跟随模特行走的时候，进行后拉运镜，如图10-16所示。

图 10-16　创作者在跟随模特行走的时候，进行后拉运镜

步骤 03 第二段镜头，以固定镜头拍摄模特从远处走近镜头，如图10-17所示。

图 10-17　以固定镜头拍摄模特从远处走近镜头

★ 温 馨 提 示 ★

在进行运镜搭配的时候，需要注意模特的服装和表情，两段视频最好保持统一，这样在衔接的时候就会更自然。

10.2.2　固定镜头+全景跟拍

【效果展示】：固定镜头+全景跟拍与后拉镜头+固定镜头有些类似，不过在搭配上相反。首先需要以固定镜头拍摄一段模特靠近镜头的视频，再全景跟拍模特，镜头由静变动，画面具有连续性，效果展示如图10-18所示。

图 10-18　效果展示

【视频扫码】：运镜教学视频画面如图10-19所示。

扫码看教学视频　扫码看案例效果

现场实拍过程图

图 10-19　运镜教学视频画面

【运镜拆解】：下面对脚本和分镜头做详细的介绍。

步骤01 第一段镜头，创作者找好机位以固定镜头拍摄，模特对着镜头的方向，从远处出发，如图10-20所示。

图 10-20　以固定镜头拍摄远处的模特

步骤02 创作者位置固定，模特慢慢靠近镜头，如图10-21所示。

图 10-21　模特慢慢靠近镜头

步骤03 第二段镜头，景别是全景，创作者跟随模特前行一段距离，如图10-22所示。

图 10-22　创作者跟随模特前行一段距离

10.2.3　侧面跟拍+侧面固定镜头

【效果展示】：侧面跟拍+侧面固定镜头也是由两段侧面镜头搭配的，第一段侧面镜头的末尾画面可以作为第二段侧面镜头的起始画面。效果展示如图10-23所示。

图 10-23　效果展示

【视频扫码】：运镜教学视频画面如图10-24所示。

扫码看教学视频　扫码看案例效果

现场实拍过程图

图 10-24　运镜教学视频画面

【运镜拆解】：下面对脚本和分镜头做详细的介绍。

步骤01 第一段镜头，创作者在模特侧面拍摄模特的上半身，如图10-25所示。

图 10-25　拍摄模特的上半身

步骤02 在模特前行的时候，跟随拍摄一段距离，如图10-26所示。

图 10-26　跟随拍摄一段距离

步骤 03 第二段镜头，以固定镜头拍摄人物侧面全景，模特继续行走，如图10-27所示。

图 10-27　以固定镜头拍摄人物侧面全景

步骤 04 在固定镜头画面中，模特从右侧向左侧行走，并走出画面，如图10-28所示。

图 10-28　模特走出画面

10.2.4　正面跟随+固定摇摄镜头

【效果展示】：正面跟随+固定摇摄镜头中的机位是完全不在一条线上的，所以能展示出更多角度的人物，以及记录多样的场景变化。效果展示如图10-29所示。

图 10-29　效果展示

【视频扫码】：运镜教学视频画面如图10-30所示。

扫码看教学视频　扫码看案例效果

现场实拍过程图

图 10-30　运镜教学视频画面

【运镜拆解】：下面对脚本和分镜头做详细的介绍。

步骤01 第一段镜头，创作者在模特正面拍摄模特的上半身，如图10-31所示。

图 10-31　创作者拍摄模特的上半身

步骤02 创作者跟随模特前行一段距离，如图10-32所示。

图 10-32　创作者跟随模特前行一段距离

步骤 03 第二段镜头，创作者转换机位，在模特的斜侧面拍摄前行的模特，如图10-33所示。

图 10-33 在模特的斜侧面拍摄前行的模特

步骤 04 在模特前行和转弯的时候，创作者固定位置，全程摇镜跟拍人物，让人物处于画面中心，如图10-34所示。

图 10-34 创作者固定位置，全程摇镜跟拍人物

★ 温 馨 提 示 ★

在搭配不同运镜方式拍摄的时候，需要提前确定机位，这样就能拍出想要的视频效果。

【综合案例】

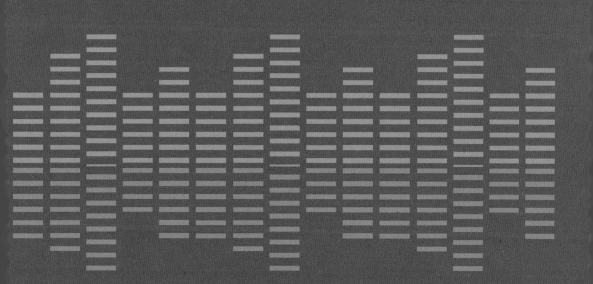

第 11 章　综合案例：短剧《错过》

在前面的章节中，讲了制作短视频的相关技巧，本章将以《错过》这个短剧为实战案例，为大家介绍成为短视频编剧的操作步骤与技巧，帮助大家学以致用，创作出优质的脚本、剧本，进而制作出火爆的短视频。

11.1 为短视频构思选题

扫码看案例效果

在前面的10章内容中，为大家讲解了短视频编剧创作脚本、剧本和制作短视频等的相关内容，主要包括账号定位、选题策划、脚本策划、脚本写作、了解剧本、剧本编写、内容创作、整体表达、拍摄技巧、镜头语言等，大体上从选题构想、脚本制作、剧本策划和镜头拍摄这4大层面为大家详细介绍了短视频编剧制作短视频时的相关步骤、技巧和方法。

在看完这些内容之后，相信大家已经对创作短视频脚本、剧本和制作短视频等的相关内容有了一定的了解和认识。

但是，由于本书的篇幅较大，可能读者一时无法掌握所有的内容，所以在构思短视频应该怎么写的时候，就跳过了一些基础的内容，直接从剧本写作那一节内容开始，但是这样创作出来的短视频的实用性、热门性是无法预测的，可能自己误打误撞刚好上了热门，但极大概率是上不了热门的，而且制作出来的短视频也达不到自己想要的效果。

要想让短视频更为优质，受到更多人的欢迎，首先就要构思好选题，即确定好短视频的主题，而在本书的第1～2章中就为大家介绍了确定短视频选题的技巧。本节将以《错过》这一短剧为案例，带大家进行具体的实操，全面讲解如何为短视频确定好选题。

11.1.1 对账号进行定位

创作者在确定短视频主题之前，需要对自己的短视频账号进行一个定位，账号有了明确的定位，就能在一定程度上缩小构思选题的难度、明确选题方向。

比如，你的短视频账号是做情感类视频的，那么在创作短视频的时候，主题就应该围绕情感类内容展开，可以是亲情类、爱情类、友情类等，但是不能发生偏移，即突然去做一个悬疑、恐怖类的短视频，而且里面也没有与情感相关的内容。

再比如，《错过》这一短剧的创作者在抖音平台上发布的都是关于亲情、爱情、友情相关的内容，那么他的账号定位就是情感类的博主。所以，该创作者在创作这个短剧之前，就对自己的账号进行了定位，并根据这一定位制作出了这个短视频。

《错过》短剧的内容是关于情感的，所以发布该短剧的账号需要是定位为情感类的博主。图 11-1 所示为情感博主在抖音账号中发布的关于《错过》短剧的截图。

图 11-1   情感博主在抖音账号中发布的关于《错过》短剧的截图

★ 温 馨 提 示 ★

创作者在创作短视频剧本前，一定要根据自己的账号定位去确定选题方向，这样你的账号才能吸引到更为精准的流量，短视频也才会有更高的完播率。

11.1.2   抓取更细的主题

根据账号定位确定了选题方向之后，创作者就可以从这些选题方向中抓取更细的主题内容，然后将细分之后的这个主题作为自己短视频的大方向。而如何从选题方向中抓取更细的主题内容呢？具体方法如图11-2所示。

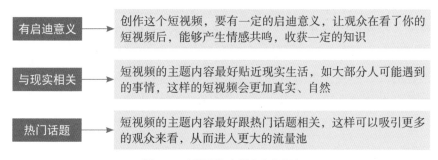

图 11-2   抓取更细主题内容的方法

比如，情感类的短视频，如果要对这个定位进行细分的话，就可以讲亲情、爱情、友情等内容。

如果创作者觉得范围还是比较大的话，可以将其分得更细。如亲情里面，我们可以主要讲母亲对孩子的爱；友情里面，我们可以讲发小跟自己的相处。

而且，因为情感类的短视频在抖音平台上比较火，尤其是以爱情为主题的短视频，受众也比较广。所以，创作者就因为这些优点，创作出了《错过》这个短剧。《错过》主要讲的是男女主从相遇、相知、相爱，经过相处之后开始相倦进而分手的内容，这个内容主题非常符合现实生活，能让观众产生情感上的共鸣。

11.1.3　确定短视频立意

立意，是指这个短视频的主题思想，即通过一系列事情，想要告诉观众什么东西，这也是创作者拍这个短视频的价值所在。

一个短视频也需要有立意，如果它只是将内容浮于表面，那么这个短视频存在的价值就不高，或者说它是可有可无的。而且，对观众来说，短视频最后呈现出来的内容无法走进其内心，让其产生触动，就不足以支撑他继续观看你的其他短视频，甚至可能会失望。

短视频有了明确的立意之后，还会提升短视频整体的质量。所以，确定好一个立意是每位创作者都需要重点关注的问题。

前面介绍了为短视频抓取更细的主题，创作者可以从这一方面出发，进而对要创作的短视频进行立意的确定。下面以《错过》这一短剧为例，为大家介绍如何通过选题来确定短视频立意。

爱情类的短视频大都是描写男女主如何从相遇到相爱的故事，那么如何从这个选题中提取深刻的立意，让短视频突出重围呢？《错过》短剧告诉了我们一个道理，虽然这部短剧里面也讲到了男女主相遇、相爱的内容，但是在这个的基础上，它有一个更为深刻的立意。

首先，在该短剧的开头部分，创作者就向我们讲述了这个短剧的主题思想"原来，一见钟情也可以走到两看生厌"，并在结尾部分升华了该立意，两个性格不合的人，终究走不到一起，我们要珍惜爱情，如图11-3所示。既向观众解释了男女主最终分手的原因，又给了观众一定的情感启迪意义，让观众一看到这两个画面，就能体会到短视频的内涵所在，并且能够因为这个短剧产生情感的共鸣。

其次，这个短剧的结局并不美好，即最后男女主分开了，跟其他爱情类的短视频结局不同，能在一定程度带给观众冲击感，同时也为其带来了新鲜感，这就是有深刻的立意的意义所在。

图 11-3　《错过》短剧开头、结尾部分的截图

★ 温 馨 提 示 ★

在确定短视频立意的时候，创作者有两个要点需要注意，具体内容如下所述。

（1）立意要深刻：要能让观众印象深刻，念念不忘。

（2）要符合现实：这样才能让观众有代入感，才能引起共鸣。

11.2　制作短视频脚本

在本书的第3～4章中，向大家介绍了短视频脚本的策划、写作技巧，相信大家对于短视频的脚本制作已经有了一定的认识。

脚本可以用来确定短视频内容的发展方向，方便短视频的拍摄，是创作者在创作、拍摄短视频时不可或缺的内容之一，也是拍摄短视频过程中的重要道具，是短视频的拍摄依据。

比如，创作者想要拍摄一个短视频，但是不想写短视频脚本，选好短视频的主题之后就直接开始拍摄，这样只会浪费大家的时间，也浪费自己的时间。

因为只是有了选题，有了拍摄的方向，知道了短视频的立意是什么，但是你不知道要怎么拍，而且在拍摄中途还会碰到许多问题，具体内容如下所述。

（1）情节：没有脚本，就意味着创作者不知道要拍摄哪些场景，以及场景中要发生什么事情，而且镜头和情节可能还连贯不起来。

（2）道具：没有确定要拍什么，就不知道要用到哪些道具，临时去找的话不一定能够找到，而且要花费大量的时间。

所以，在确定好短视频的立意之后，创作者需要做的就是制作脚本。制作脚本要先搭建脚本的框架，接着需要对其进行内容填充，既要有分镜说明，又要有人物的对白。

脚本是可以变化的，可以随着现场的拍摄情况进行调整。本节将以《错过》这一短剧为例，为大家介绍设计脚本的相关技巧。

11.2.1　搭建脚本框架

为短视频设计脚本，首先就要设计好脚本框架。脚本框架是创作者制作短视频脚本的必要步骤，因为它能让整个短视频脚本不偏题、故事衔接更流畅、更好地控制短视频的时长、提高内容的紧凑度。下面以《错过》短剧为例，为大家介绍搭建脚本框架的相关技巧。

而想要搭建好脚本框架，创作者首先要设计好短视频的开头。大部分观众在短视频平台刷到你的短视频，最先看到的就是短视频的开头部分，因为它的重要性，也被大家称为"黄金3秒"。如果在这"黄金3秒"中你的短视频没有吸引到观众，那么观众就会直接跳过这个短视频，该短视频的完播率和观众关注你账号的可能性就会被极大地降低。

在《错过》这一短剧的开头，创作者设置了一个跟现实生活相关的反问句，如图11-4所示，这一问题充分利用了观众的好奇心理，引起了观众的兴趣，迫切地想知道问题的答案，从而会产生继续观看下去的想法。

图 11-4　《错过》短剧在开头提问

其次，创作者要设计好大概的故事情节，并让这些故事情节能够流畅地串联起来，而且这些故事情节最好有新意，即有反转、反差效果，这样可以给观众一种出乎意料之感。

《错过》这一短剧的最后结局跟前面部分的内容有极强的反差，因为前面都是在讲男女主如何相遇、相爱的，但是后面又通过一系列日常相处的小事，让男女主最后走上分手的地步，如图11-5所示。

图 11-5 《错过》短剧的反转结局

最后，创作者要在结尾升华整个短视频的价值，告诉观众这个短视频的思想内涵，让观众产生情感上的冲击与认同。

《错过》这一短剧在结尾部分，回答了男女主分手的原因，并通过男女主的故事，让观众认识到在现实生活中这样的事情很常见，我们不能为了生活而生活，不适合的人就算相爱也会因为一件件小事而变得疲倦，分手其实是最好的办法了，如图11-6所示。

图 11-6 《错过》短剧最后升华了价值

创作者在写短视频脚本框架的时候，不能因为"大"的事件就遗忘"小"的事件，因为除了短视频中最为重要的故事情节，"小"的事件也能对短视频的最后结局产生一定的影响，而且某些"小"的事件可能一两句话、一两个镜头讲不清楚，也会对短视频的最终时长产生一定的影响。

★ 温馨提示 ★

"大"的事件是指对整个短视频最终结局具有决定性作用的事件，"小"的事件是指对短视频最终结局起到助攻、推动的事件。

两者的相同点是都能对短视频的最终结局产生影响，而不同点则是各自产生的影响程度有差异。

11.2.2　填充脚本内容

搭建好脚本框架之后，创作者就可以在这个脚本框架中去填充细节内容了，如故事情节中的一些关键物品、镜头、使用道具、人物动作、表情等，这些内容能够方便短视频的拍摄，让创作团队能够更快、更准确地理解短视频内容，也能推动故事情节的发展。

比如，在《错过》这一短剧中，一些关键物品为：让男女主相遇的书、搬盆景时的盆景、鞋柜的鞋子等，它们都在关键情节中出现，为短视频的发展起到一定的助攻和推动作用。

因为《错过》短剧的创作者在之前搭建脚本框架的时候，要设计让男女主相遇，这时就需要有一个时机，而书就是其中的关键物品。剧情大概是男主在公园丢了一本书，被女主捡到，女主去还给男主。这时，他们两个就有了认识的契机，也为短视频后面剧情的发展奠定了基础，如图11-7所示。

故事的开始

是因为一本书

是因为一本书

图 11-7　书这一关键物品的视频画面

　　而搬盆景时的盆景，则是故事开始发生变化的转折点，因为男主没有去帮女主搬盆景，所以女主内心开始不满，既暗示了男女主相处开始出现问题，也为最终分手的局面进行了一个小的铺垫，如图11-8所示。

图 11-8　女主搬盆景的视频画面

★ 温馨提示 ★

在为脚本框架填充内容的时候，创作者要选择一些现实生活中较为常见的细节，然后再在此基础上选取相关道具和物品，这样就能够在选购资金上面，减少一些不必要的支出。

11.2.3 进行分镜说明

在脚本内容中，最为重要的内容之一就是分镜。脚本与剧本最为明显的区别就在分镜上面，剧本主要是给演员看的，而脚本则是给短视频导演、编剧等制作团队看的，用于指示演员表演。

分镜说明主要是指对短视频剧本的每一个细节场景的镜头进行说明，包括使用什么拍摄方法、每一个镜头的大概时长等。下面以《错过》短剧为例，为大家介绍如何在脚本中进行分镜说明。

表11-1所示为《错过》短剧中某一个场景的脚本内容，包括镜号、镜头、景别、拍摄时间、地点、拍摄画面、道具、声音等内容。

表 11-1　《错过》短剧中某一个场景的脚本内容

镜号	镜头	景别	拍摄时间	地点	拍摄画面	道具	声音
1	固定镜头，侧面拍摄女主搬盆景，然后再从男主那边的视角拍女主搬盆景	中景远景	5s	客厅	女主在用力搬盆景，说："这个东西怎么这么重啊？"	盆景	/
2	固定镜头，从男主那边的视角拍女主搬盆景	全景	3s	客厅	女主搬不动，看了一眼男主，说："你可以帮我拿一下吗？"	/	/
3	固定镜头，从女主视角拍男主	远景	3s	客厅沙发	男主正在打游戏	手机	/
4	固定镜头，从背后拍摄男主打游戏的场景	近景	3s	客厅沙发	游戏界面	/	游戏声
5	固定镜头，从女主视角拍男主	全景	3s	客厅沙发	男主往女主那边看了一下，没有说什么，接着又继续打游戏	/	游戏声
6	固定镜头，从侧面拍摄女主搬盆景的场景	特写	2s	客厅	女主叹气，又试了一下，还是搬不动，就放弃了	/	/

表11-1中展示的场景：女生搬盆景，但是因为太重了，搬不动，就想求助男

主。但是男主在沙发上面打游戏，并没有采取实际的行动去帮她。女主生气，又尝试搬了一次，还是只能将其缓慢移动，就干脆放弃了。

这只是这个短剧中的一个场景中，却分了6个镜头来表述，这样能更加方便创作者去拍摄这个场景内容，也能让观众更清楚整个事件的发生过程。比如，特写女主搬盆景这个分镜头，就可以让观众觉得女主已经很努力了，但是却还是搬不动，无奈才求助男主。这时候男主的随便，让本就有点不开心的女主加深了生气的程度。

试想一下，如果这个场景不采用分镜来说明，那么它就是一个固定的镜头，一个镜头要容纳女主搬盆景的场景和男主在沙发上打游戏的场景，是很困难的。而且，就算镜头可以容纳得下，但是一些细节部分却捕捉不到，如观众看不清楚女主的表情、画面模糊等，短视频的质量就会大打折扣。

想要进行分镜说明，就要对每一个场景进行拆分，拆分到最细，即到拆分不了的程度，这时就是我们想要的分镜。比如，该短剧的脚本中拍摄男主在打游戏的场景，就拆分成了3个镜头，即打游戏的全景、游戏界面的近景，以及跟女主说"等一下"的全景。

11.2.4　写清人物对白

脚本中还需要写清楚人物的对白。短视频时长有限制，所以在设计人物对白的时候，尽量做到最简洁。有一些内容可以通过演员的表演表达出来，如生气的表情，就不需要加一些对骂的台词，只需用一个几秒的特写镜头就可以了，因为面部表情可以向观众传达出生气的情绪。

比如，《错过》短剧的脚本中，人物对白就非常简洁，如表11-2所示。

表 11-2　《错过》短剧的部分脚本

镜号	镜头	景别	拍摄时间	地点	拍摄画面	道具	声音
1	固定镜头，侧面拍摄女主和闺蜜看手机的场景	近景	6s	客厅沙发	女主和闺蜜正坐在沙发上一起刷短视频	手机	/
2	固定镜头，背后拍摄女主和闺蜜看短视频	近景	4s	客厅沙发	女主闺蜜在滑动手机的界面，切换短视频	/	/
3	推镜头，拍摄闺蜜查看信息界面的场景	近景特写	10s	客厅沙发	女主闺蜜收到她男朋友的一条信息，内容为"快下雨了，你没带伞，我去接你吧"	/	/

镜号	镜头	景别	拍摄时间	地点	拍摄画面	道具	声音
4	固定镜头，侧面拍摄女主闺蜜跟女主道别的场景	近景	5s	客厅沙发	闺蜜跟女主道别："那我先回去啦！"	/	/
5	固定镜头，侧面拍摄女主闺蜜跟女主道别的场景	近景	1s	客厅沙发	女主笑着说："好！"	/	/
6	固定镜头，侧面拍摄女主面部表情	近景	3s	客厅沙发	等闺蜜走了之后，女主想到之前发生的事叹了一口气	/	/

在表11-2中，虽然人物的对白只有两句话，但是表达出来的内容却不止两句话。女主闺蜜收到自己男朋友发的信息，女主也看到了，虽然闺蜜只说了一句："那我先回去啦！"，但是从中可以知晓她男朋友对她很好，所以女主很开心，笑着回她说："好！"等到闺蜜离开之后，又想到自己的男朋友，有了对比之后，又加深了对自己男朋友的不满。

这个场景虽然简短，但是却对人物的发展起到了一定的推动作用，女主闺蜜则起到了助攻作用，加速了故事的发展。而且，虽然对白很简短，但是演员的表情、神态，以及结合之前发生的内容，能够让观众感受到这个场景存在的意义。

11.3 创作短视频剧本

剧本是短视频编剧创作出来的，是演员用来查看故事内容、展示故事发展过程的文本。与脚本不同，剧本的连贯性、逻辑性更强，短视频的演员在熟悉要拍的内容时，看的就是剧本。

在本书的第5～8章中，向大家介绍了短视频剧本的基础知识、剧本编写技巧、剧本内容创作技巧，以及短视频剧本与标题、文案的配合技巧，相信大家对于短视频的剧本创作与编写已经有了一定的认识。

写剧本听起来感觉很容易，大部分新手编剧都觉得只需写出要表达的故事就可以了。其实不然，剧本的知识很广，想要写好剧本也不容易。

要想写出优质的剧本，创作者首先要明确剧本中的4个重点内容。可以说，写好这4个重点内容，你的剧本才是质量高的。4个重点内容主要包括冲突设置、人物设定、场景确认和情节设计。

为了让大家能更详细地理解这4个重点内容，本节就以《错过》这一短剧为例来具体介绍。

11.3.1　进行冲突设置

冲突设置是指在整个短视频中，故事情节要有起伏，即有一个或一个以上对立的情节发生，不能从开头到结尾整个故事情节都是平静的，那么这样的剧情很难吸引观众的注意。

设置好了冲突，短视频才会有情感的递进，短视频的主旨、人物的性格才会更加鲜明。但是，需要注意的是，创作者在设置冲突的时候，冲突的起因、发展、结果都要合理，即要符合故事发生的背景，不要天马行空，让观众摸不着头脑，这样的冲突才算是好的冲突，会更容易受到观众的喜欢。

那么，创作者应该如何在剧本中设置冲突呢？下面就以《错过》为例，为大家详细介绍设置冲突的技巧。

在《错过》这一短剧中，有几个非常明显的冲突。第一是女主搬盆景的时候；第二是女主和闺蜜聊天的时候；第三是女主摆放鞋子的时候；第四是男女主发生争吵的时候。下面就来为大家详细介绍这4个冲突的设置技巧。

1. 女主搬盆景的时候

女主搬盆景的时候，首先自己试着搬过了，因为实在搬不动才求助男主的。因为这种事情可能发生过很多次，但是女主那时还没有很生气。而男主在打游戏，没有理她，让女主更不开心了。这里不开心的情绪让女主在后面的剧情中加深了自己对男主的不满。

2. 和闺蜜聊天的时候

前面是女主自己搬盆景的剧情，接着看到的就是闺蜜男朋友的体贴、细心，这里让女主之前的不开心程度加深。

3. 女主摆放鞋子的时候

接下来，女主下班回到家，本来一天就很累了，但是在换鞋子的时候，又看到鞋柜这么乱，如图11-9所示。

图 11-9

图 11-9　鞋柜很乱的视频画面

工作后的疲倦，加上之前一步一步对男主的不满，让她的不满程度达到一个即将要爆发的程度。

4. 男女主发生争吵的时候

最后，就是情绪真正爆发的时候。女主向男主诉说工作的事情，男主不但没有安慰女主，反而继续玩自己的游戏。女主强忍着自己的不开心，继续问他能不能陪自己去散步。虽然男主没有拒绝，但是男主的态度却很不好，让女主再也忍不了了，终于爆发了出来。

这4个冲突在一步一步加剧女主对男主的不满，一步步升级冲突和矛盾。女主从一开始的隐忍，到最后的爆发，是经历了一个过程的，人物的发展非常合理，女主的性格也变得更生动、形象，让这个剧情变得越来越精彩，越来越吸引人。

因此，创作者在设置短视频剧本中的冲突时，要注意人物性格、故事发展的合理性。就像《错过》这一短剧，女主不是无缘无故爆发的，而是经历了很多的小事件之后，情绪达到了高峰才合情合理地爆发。

11.3.2　进行人物设定

人物是短视频剧本创作中不可缺少的因素之一，是整个短视频剧情发展下去的决定因素。没有人物，那么这个短视频拍出来后，受众是非常受限的。因为不怎么贴近现实生活，没有让观众有代入感，也就没有情感上的共鸣。

　　而且，人物不能"残缺"，一个完整的人物主要有3个维度的内容，包括生理维度、社会维度和心理维度。对短视频来说，由于时长的限制，这3个维度不一定会完整地呈现、拍摄出来。

　　对于生理维度的内容，可以在剧本中描写出来，比如这个人物的外貌、身体特征等，在拍摄的时候，就不需要演员去特别说明，只需给一个镜头即可；社会维度可以根据情节发展来选择，可以用镜头去表现，也可以用不经意的一句对话带过；心理维度则是重中之重，因为情节的起伏、故事的发展都受到它的影响，但是它也可以通过人物处理事件的态度表现出来。

　　而除了这3个维度，按照对情节发展的重要程度分，还可以将人物分为主要人物和次要人物，这是创作者在设定人物时更为重要的内容。下面就以《错过》这一短剧为例，为大家详细介绍人物设定的相关技巧。

　　在《错过》这一短剧中，主要出场人物只有3个，即男主、女主和女主闺蜜。按重要程度分，男主和女主是主要人物，女主的闺蜜是次要人物。

　　男主和女主是整个短视频发展下去的核心人物，换句话说，删去男主和女主，那么这个短视频就没有存在的意义了，这是主要人物的重要性。

　　而女主闺蜜则是这个短视频中的次要人物，她只出现在了一个场景中，就是在女主已经开始对男主有不满的情绪后，女主闺蜜未出场的男朋友发给了闺蜜一个信息，如图11-10所示。

图 11-10

图 11-10 闺蜜男朋友给闺蜜发信息的视频画面

正是因为这个信息，让女主心里产生了落差感，从而加深了对之前男主的不满，为后面女主情绪爆发起到了助力作用，并为最后男女主分手的结局起到了一定的推动作用。

创作者在对短视频剧本中的人物进行设计的时候，一定要有主有次，不要让次要人物的篇幅占比过大，盖过主要人物，不然剧情就会没有重点，或者发生重点偏移的问题，让该短视频的主题凸显不出来。

而且，主要人物的情节发展要讲清楚，不能前后矛盾、前后逻辑不通，也不要讲述一些过长且没有意义的内容。

11.3.3 构建必要场景

创作者在设定完人物之后，还需要对剧情中的必要场景进行构建。大部分的场景需要有开头、中间和结尾3个部分，而且要讲清楚这个场景的目的，这样创作者在构建场景的时候，才会加强情节的连贯性。

必要场景是指能够推动短视频情节发展的场景，不然这个场景就可以删除。下面以《错过》这一短剧为例，为大家介绍构建必要场景的相关内容。

在《错过》这一短剧中，有一个场景是讲女主情绪爆发的。在画面开始的时候，女主向男主抱怨自己的工作，男主没有回应后，女主又继续让他陪自己去散步，如图11-11所示。

图 11-11　男主不理女主的视频画面

后面男主虽然答应了但是却没有行动，所以女主一气之下就把自己的书摔到了沙发上，并最终爆发，如图11-12所示。

图 11-12　女主摔书的视频画面

这个场景的主要目的就是表明女主和男主性格不合，且由于前面的一系列事情，让女主已经临近情绪的爆发点，而这个场景就直接导致了情绪的爆发，从而让女主最终做出了分手的决定。

11.3.4　设计故事情节

构建完必要场景之后，创作者就可以开始设计每一个场景中的故事情节了。设计故事情节是创作者编写短视频剧本的最后一个步骤，是完善整个短视频内容最为关键的一步。

设计好了短视频的故事情节，能够让短视频发展得更为顺畅，但是在设计故事情节的时候，创作者还需要注意以下事项，具体内容如图11-13所示。

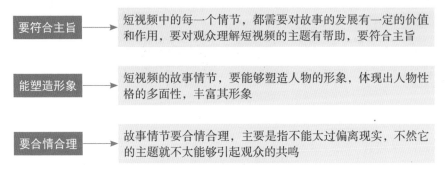

要符合主旨	短视频中的每一个情节，都需要对故事的发展有一定的价值和作用，要对观众理解短视频的主题有帮助，要符合主旨
能塑造形象	短视频的故事情节，要能够塑造人物的形象，体现出人物性格的多面性，丰富其形象
要合情合理	故事情节要合情合理，主要是指不能太过偏离现实，不然它的主题就不太能够引起观众的共鸣

图 11-13　设计故事情节的注意事项

比如，在《错过》这一短剧中，情节大致可分为3大部分，即男女主相识、男女主在一起、男女主分开。这种情节发展就会让短视频内容更顺，因为它符合逻辑顺序和时间顺序。那么，这部剧是怎么设计故事情节的呢？下面就来详细介绍。

1. 情节合理

第一部分是男女主相遇、相识，这是故事的开始阶段。创作者在设计这一部分的情节时，借用了一个关键物品——书，把书当作男女主认识的契机，男女主认识就变得合情合理。如果是女主突然跑上去跟男主认识，就会显得毫无逻辑性，观众就会觉得这一情节是非常突兀的。所以，设计故事情节，创作者首先就要注意情节的合理性，给观众一个接受情节这样发展的准备。

2. 要有铺垫

第二部分是男女主在一起了，这是故事的发展阶段。创作者在设计这一部分情节时，为其铺垫了很多的场景。即男女主因为还书认识之后，就经常约着去公园散步、踏青，如图11-14所示，为后面男女主在一起作了铺垫。

图 11-14 男女主去公园散步、踏青的视频画面

　　这些场景出现的意义就是为了给观众一个接受的过程，表明男女主的情感是渐进的，不是一时兴起的。即使后面男主跟女主说自己对她一见钟情，但也是在他们认识了一段时间之后说的，并不会显得这个情感来得突然、毫无理由。

　　因此，创作者在设计短视频的故事情节时，要有情节的铺垫，这样故事发展才会有头有尾，剧情才是丰富的、有内容的。

3. 循序渐进

　　第三部分是男女主分手了，这是故事的结尾阶段。因为前面男女主是在一起的，所以后面如果要写男女主分手了，创作者就一定要写清楚男女主分手的原因，要有明确的情感冲突，要有过程。

　　所以，创作者在设计这一故事情节时，就通过4个情节来表现男女主性格不同，存在矛盾，即女主搬盆景、女主看到闺蜜男朋友的信息、女主整理鞋子、女主向男主抱怨工作这4个情节。

　　女主对男主的不满在逐步增加，两人之间的矛盾也逐渐激烈。发展到最后，女主将情绪爆发出来，并通过两个场景表现了出来。一是女主看到男主没有什么反应的时候，将书摔到沙发上，然后转身走了；二是女主走到一半的时候，突然转回来质问男主，能不能对她的事情上点心，如图11-15所示。这两个场景都是循序渐进的，有前面的无声反抗，才有后面的对话质问，不满在一步步升级，冲突也在逐渐激化，让观众看得津津有味，并能有代入感。

图 11-15

图 11-15　女主走到一半回头质问男主的视频画面

因此，在设计短视频的故事情节时，创作者要懂得循序渐进，情感要逐步递进，这样短视频中的主题思想才会更加明晰。

11.4　拍摄短视频

最后，创作者还需要掌握如何去拍摄短视频。因为在短视频制作团队中，人数较少，一般编剧需要承担编剧、导演、摄影师的角色，虽然工作负担加重了，但是对短视频的制作与拍摄也是有帮助的，因为编剧更加熟悉剧本。

在本书的第9～10章中，向大家介绍了短视频的拍摄技巧和镜头语言等内容，相信大家对短视频的相关拍摄技巧有了一定的认识。

创作者想要拍好短视频，重点需要掌握一些相关的拍摄技巧，如取景构图、选择拍摄角度等内容。本节就以《错过》这一短剧为例，为大家介绍如何拍摄出优质的短视频。

11.4.1　选择合适的景别

在拍摄分镜头的时候，创作者要选择具体的景别，即调整短视频人物在视频画面中的大小和范围。在本书第10章中提到，景别可以根据画框中所截取的人或物的大小划分为远景、全景、中景、近景和特写。不同的景别有不同的作用，创作者可以按照短视频的具体内容和自己的爱好进行选择。

在《错过》这一短剧中，就用到了很多的景别，具体内容如下所述。

（1）远景：顾名思义，就是被摄对象在视频画面中距离较远，画面占比较小。图11-16所示为远景视频画面示例，该远景画面交代了女主所处的环境、她的主要活动，以及这一情节发生的地点。

（2）全景：女主全身出镜，但跟远景不同的是，全景的距离没有那么远，看到的视频画面也比远景更清楚，而且也能交代所处环境，如图11-17所示。

图 11-16 远景视频画面示例

图 11-17 全景视频画面示例

（3）中景：即拍摄男女主的膝盖及以上位置，画面清晰，如图11-18所示。

（4）近景：拍摄女主腰部以上位置，能观察到细微的表情，如图11-19所示。

图 11-18 中景视频画面示例

图 11-19 近景视频画面示例

（5）特写：特写女主某一部位，如手等，细节更突出，如图11-20所示。

图 11-20 特写视频画面示例

11.4.2 选择好的拍摄角度

创作者在拍摄短视频的时候，要选择好的拍摄角度。常见拍摄角度有正面、侧面、背面、平视、仰拍、俯拍等，运用得当的话，能够让短视频的画面重点更突出，提高短视频的画面质量。

在《错过》这一短剧中，也运用了很多不同的拍摄角度，有其各自的作用。下面以背面和侧面两种角度为主，为大家详细介绍如何去选择好的拍摄角度。

1. 背面镜头

背面镜头是指拍摄人物的背面，这样会看不到人物的正脸面部表情，不适合拍摄有冲突的情节。但是，却适合拍摄一些氛围感较强的画面。比如，在《错过》这一短剧中，男女主还没有在一起的阶段，他们那时候的感情还比较朦胧，所以使用背面镜头拍摄非常适合，如图11-21所示。

图 11-21 背面镜头视频画面示例

2. 侧面镜头

侧面镜头主要是指从人物的侧面去拍摄，能够呈现出人物的侧脸轮廓，提高画面的丰富度，如图11-22所示。

图 11-22 侧面镜头视频画面示例

11.4.3 选择合适的构图

在拍摄短视频时，创作者还要选择使用合适的构图方法，最为常见的短视频构图方法有前景构图、中心构图、三分线构图和框式构图等。

在《错过》这一短剧中，也使用了很多构图方法。由于篇幅有限，下面就以中心构图为例，为大家介绍如何选择合适的构图方法。

中心构图是最常使用的构图方法之一，而且采用中心构图拍摄的方法也很简单，只需将被摄对象放到视频画面的中心位置即可。中心构图能使画面上下左右达到一个稳定的状态，而且主体非常突出，能让观众一眼就看到。

图11-23所示为《错过》短剧中采用中心构图拍摄的视频画面示例。这两个画面都采用了中心构图，画面非常稳定，视线也很聚焦，能让人一眼就关注中间的人物。

图 11-23　《错过》短剧中采用中心构图拍摄的视频画面示例

如果创作者想要通过画面快速吸引观众的眼球，就可以使用中心构图。

11.4.4　为画面进行对焦

选择好景别、拍摄角度和构图方式之后，创作者在拍摄短视频时，容易出现对焦不准这一问题。对焦清晰能够让视频画面看起来更清晰，提升画面质量。图11-24所示为《错过》短剧中对焦不准和对焦清晰的视频画面示例。

图 11-24　《错过》短剧中对焦不准和对焦清晰的视频画面示例

如果出现对焦不准这一问题，创作者可以先擦拭镜头，看镜头是否有污渍。如果不是镜头的问题，则可以自己点击视频画面，进行手动对焦，并选择好对焦点（一般是被摄人物）。有时候，创作者也可以故意把前面拍清晰，将背景拍模糊，或者是把前面拍模糊，将背景拍清晰，因为在拍摄的时候，有些相机由于对焦的原因，没法前后兼顾。

附录

AI 剧本创作四大步骤：运用 ChatGPT 编写《迷雾之夜》

相对于传统的人工编写剧本，AI编写剧本有三大好处：一是AI不受限于传统的故事结构或人类的思维模式，可以为故事增添更多创意和独特的视角；二是AI可以根据指定的主题、风格和情节要求自动生成创意，作为作者的灵感源泉；三是AI可以快速产生大量创意和故事情节，从而使剧本的创作过程更加高效。因此，AI编写剧本有一定的发展机遇。

下面以ChatGPT编写剧本《迷雾之夜》为例，介绍AI编写剧本的四大步骤。

1. 赋予ChatGPT编剧身份：获取悬疑故事的信息

赋予身份，是获取ChatGPT答案的方法之一。因为ChatGPT在明确身份指令下，能够更为专业、准确、高效地调动用户所需的信息，从而真正地让用户得到帮助和支持。我们的目的是让ChatGPT编写一个剧本，所以应该赋予ChatGPT编剧的身份，让其调动编剧的知识为我们所用，具体的提问或操作方法如下。

步骤01 打开ChatGPT，在其输入框中输入指令，如"假设你是一名编剧，擅长写作悬疑推理故事，请提供一些写作引人入胜的悬疑故事的建议"，单击输入框右侧的发送按钮 ，如图1所示。

图 1　单击相应按钮

步骤02 稍等片刻，ChatGPT会响应指令给出回复，如图2所示。

当编写引人入胜的悬疑推理故事时，有几个关键要点可以考虑，以保持读者的兴趣和悬念：

1. 引人入胜的开篇：在故事的一开始，创造一个引人入胜的场景或事件，使读者感到好奇并想要了解更多。可以是一个离奇的谋杀案、一个神秘的失踪事件，或者一个匪夷所思的发现。
2. 复杂的角色：塑造深度和复杂性的角色将使故事更加吸引人。每个角色都应该有自己的秘密和动机，使读者猜测谁可能是真正的凶手或策划者。
3. 逐渐揭示信息：不要在故事开始时将所有信息披露出来。逐渐地向读者展示一些重要线索和信息，让他们能够一步步解开谜团。
4. 线索和误导：创造出一些线索和误导，使读者产生错觉或将注意力引向错误的方向。这样可以增加悬疑和紧张感。
5. 转折和惊喜：在故事的关键时刻引入意想不到的转折和惊喜，让读者感到震惊和兴奋。这可以是隐藏的真相、意外的反派或者背后的阴谋。
6. 并行线索：创造多个并行线索，同时发生的事件和情节交织在一起，使故事更加复杂和扣人心弦。
7. 时间元素：在故事中加入时间限制和紧迫感，使解决悬案变得更加迫切和紧张。
8. 感情联系：在故事中加入感情联系，比如家人、朋友或者情侣之间的纠葛，使读者更加投入情节。
9. 真相的意义：确保最后揭示的真相具有深刻的意义和影响，使整个故事更有意义和共鸣。
10. 结局的悬念：可以在故事的最后留下一些悬念和未解之谜，让读者产生遐想，甚至期待可能的续集。

以上是一些建议，希望能够帮助你构建一个引人入胜的悬疑推理故事。记得保持想象力和创意，让故事充满独特的元素，让读者始终处于好奇和紧张的状态。祝你写作顺利！

图2 ChatGPT 会响应指令给出回复

可以看出，ChatGPT罗列了在编写引人入胜的悬疑推理故事时需要注意的几个要点，为用户提供编写剧本的参考。

2. 模仿语言风格：让AI模仿悬疑小说家的写作风格

在确认了ChatGPT对于编写悬疑故事有一定的了解之后，用户可以让ChatGPT在上述建议的基础上，再模仿著名悬疑小说家或悬疑作品的写作风格，编写一个能够吸引读者兴趣的剧本，具体的操作方法介绍如下。

步骤01 在ChatGPT的输入框中继续输入指令，如“请你综合以上建议，并模仿《无人生还》的写法，编写一个悬疑故事”，单击输入框右侧的发送按钮▶，让ChatGPT编写剧本。

步骤02 稍等片刻，ChatGPT会响应指令给出回复，如图3所示。

当然，我很乐意帮你编写一个悬疑故事，模仿《无人生还》的写法。以下是一个名为《迷雾之夜》（Night of the Mist）的悬疑推理故事：

故事背景：在偏远的山间别墅，有十位陌生人收到神秘邀请，各自有着不同的背景和秘密。他们中的一些人并不熟悉彼此，但都被告知，这个聚会是为了一件共同的利益。迷雾笼罩的夜晚，别墅成为了一个离奇谋杀的现场，十位陌生人开始怀疑彼此，而且无法离开……

第一章：邀请

在一片茂密的山脉中，矗立着一座古老而庞大的别墅。十位陌生人，从各行各业中挑选而来，收到了一封神秘的邀请。邀请信上写着："您将在本周末来到此地，为一件共同的利益聚集一堂。"

他们中的一个是名叫杰森的年轻作家，他的悬疑小说成为了畅销书。还有莉莉，一位古董收藏家，疑似隐藏着一段黑暗的过去。而詹姆斯是一名富有的企业家，背后似乎有着不为人知的商业勾当。这样各有背景的十人受到邀请后，满心疑惑但也满怀好奇，一个个踏上了前往别墅的旅程。

第二章：迷雾笼罩

当他们抵达别墅时，天色已晚，浓密的迷雾笼罩着整个山谷。别墅内的氛围异常神秘，一名自称管家的中年男子迎接了他们。但除了他之外，似乎并没有其他工作人员。

晚餐进行得异常安静，十人开始感觉事情并不简单。忽然，一阵巨大的轰鸣声响彻整个别墅，灯火顿时熄灭。当灯再次点亮时，众人惊讶地发现中年管家已经不见了踪影。

第三章：离奇谋杀

迷雾笼罩的夜晚，一场离奇的谋杀事件发生了。第二天早晨，众人惊恐地发现杰森死在了客厅的沙发上。他的尸体上留下了一个恐怖的字样："凶手"。

十人开始怀疑彼此，每个人都宣称自己无辜。而且，他们发现他们的手机信号被屏蔽，无法与外界联系。别墅周围的迷雾也变得越来越浓密，让他们无法离开。

第四章：逐一失踪

在接下来的几天里，类似的谋杀事件持续发生。莉莉、詹姆斯、以及其他的人也相继离奇死亡。每次死亡后，都会出现一个新的字样，预示着下一个被害者。

在恐怖的氛围下，众人开始分成小组调查真相。他们发现每个人都有着不可告人的秘密，而且每个人都有可能是杀人犯。在一次次激烈的争论和怀疑中，他们逐渐意识到这场离奇谋杀游戏中，背后可能隐藏着更大的阴谋。

第五章：揭开真相

最后，只剩下两个人幸存下来。在一场生死决斗后，终于揭开了真相。原来，中年管家一直是别墅的主人，而他是一个受害者的亲属。他为了寻求正义，诱使那些涉及受害者命案的罪犯聚集在一起，然后用尽一切手段让他们面对自己的罪行。最后两人发现，除了管家之外，所有死者都有过悲惨的过去，他们每一个人都与某宗罪行息息相关。

第六章：夜幕降临

在最后的对峙中，幸存者最终成功阻止了管家的报复计划。但是当警察和救援人员终于抵达别墅时，他们发现迷雾散去后，别墅中所有的人都已经死亡，只留下了两个幸存者。

故事以两名幸存者走出别墅，太阳逐渐升起作为结束。然而，留下的谜团和阴谋依然存在，警察开始全力展开调查。谁是真正的凶手？背后的真相又是什么？读者留下了更多的思考和遐想空间。

这就是《迷雾之夜》的悬疑故事，希望你喜欢这个故事构思！

图 3　ChatGPT 会响应指令给出回复

3. 对ChatGPT进行调优：让AI修改优化剧本细节

可以看出，ChatGPT给出一个完整的悬疑故事，但在逻辑和故事细节上还可以进行进一步优化，具体的提问方式如下。

在ChatGPT的输入框中继续输入指令，如“请进行修改，在第二、三、四章中设置更多的疑团和营造紧张气氛，增加读者的兴趣”，单击输入框右侧的发送按钮▶，ChatGPT会对剧本进行修改，如图4所示。

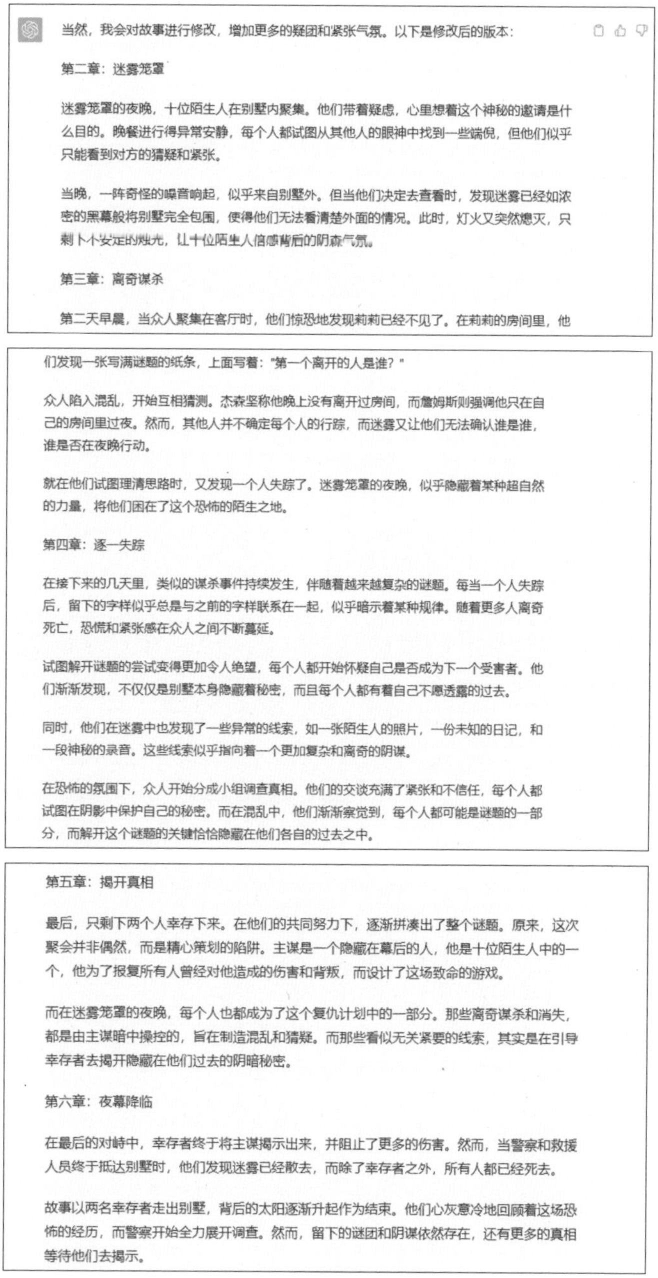
当然，我会对故事进行修改，增加更多的疑团和紧张气氛。以下是修改后的版本：

第二章：迷雾笼罩

迷雾笼罩的夜晚，十位陌生人在别墅内聚集。他们带着疑虑，心里想着这个神秘的邀请是什么目的。晚餐进行得异常安静，每个人都试图从其他人的眼神中找到一些端倪，但他们似乎只能看到对方的猜疑和紧张。

当晚，一阵奇怪的噪音响起，似乎来自别墅外。但当他们决定去查看时，发现迷雾已经如浓密的黑幕般将别墅完全包围，使得他们无法看清楚外面的情况。此时，灯火又突然熄灭，只剩下不安定的烛光，让十位陌生人倍感背后的阴森气氛。

第三章：离奇谋杀

第二天早晨，当众人聚集在客厅时，他们惊恐地发现莉莉已经不见了。在莉莉的房间里，他们发现一张写满谜题的纸条，上面写着："第一个离开的人是谁？"

众人陷入混乱，开始互相猜测。杰森坚称他晚上没有离开过房间，而詹姆斯则强调他只在自己的房间里过夜。然而，其他人并不确定每个人的行踪，而迷雾又让他们无法确认谁是谁，谁是否在夜晚行动。

就在他们试图理清思路时，又发现一个人失踪了。迷雾笼罩的夜晚，似乎隐藏着某种超自然的力量，将他们困在了这个恐怖的陌生之地。

第四章：逐一失踪

在接下来的几天里，类似的谋杀事件持续发生，伴随着越来越复杂的谜题。每当一个人失踪后，留下的字样似乎总是与之前的字样联系在一起，似乎暗示着某种规律。随着更多人离奇死亡，恐慌和紧张感在众人之间不断蔓延。

试图解开谜题的尝试变得更加令人绝望，每个人都开始怀疑自己是否成为下一个受害者。他们渐渐发现，不仅仅是别墅本身隐藏着秘密，而且每个人都有着自己不愿透露的过去。

同时，他们在迷雾中也发现了一些异常的线索，如一张陌生人的照片，一份未知的日记，和一段神秘的录音。这些线索似乎指向着一个更加复杂和离奇的阴谋。

在恐怖的氛围下，众人开始分成小组调查真相。他们的交谈充满了紧张和不信任，每个人都试图在阴影中保护自己的秘密。而在混乱中，他们渐渐察觉到，每个人都可能是谜题的一部分，而解开这个谜题的关键恰恰隐藏在他们各自的过去之中。

第五章：揭开真相

最后，只剩下两个人幸存下来。在他们的共同努力下，逐渐拼凑出了整个谜题。原来，这次聚会并非偶然，而是精心策划的陷阱。主谋是一个隐藏在幕后的人，他是十位陌生人中的一个，他为了报复所有人曾经对他造成的伤害和背叛，而设计了这场致命的游戏。

而在迷雾笼罩的夜晚，每个人也都成为了这个复仇计划中的一部分。那些离奇谋杀和消失，都是由主谋暗中操控的，旨在制造混乱和猜疑。而那些看似无关紧要的线索，其实是在引导幸存者去揭开隐藏在他们过去的阴暗秘密。

第六章：夜幕降临

在最后的对峙中，幸存者终于将主谋揭示出来，并阻止了更多的伤害。然而，当警察和救援人员终于抵达别墅时，他们发现迷雾已经散去，而除了幸存者之外，所有人都已经死去。

故事以两名幸存者走出别墅，背后的太阳逐渐升起作为结束。他们心灰意冷地回顾着这场恐怖的经历，而警察开始全力展开调查。然而，留下的谜团和阴谋依然存在，还有更多的真相等待他们去揭示。

图 4　ChatGPT 对剧本进行修改

4. 指定表格罗列答案：让ChatGPT按要求提供脚本

可以看出，ChatGPT按照修改要求，对剧本其中的章节进行了优化，让剧本更加受观众喜爱。接下来，可以要求ChatGPT将完整的剧本转化为脚本，为剧本的拍摄提供脚本依据，具体的操作方法如下。

在ChatGPT的输入框中继续输入指令，如“请将修改后的、完整的悬疑故事转化为短视频脚本，脚本中需包括当下短视频热门元素，开篇3s迅速吸引人的眼球，中间有反转，结尾有惊喜，文案侧重于情绪表达。脚本用表格的形式呈现以下内容：分镜序号、景别（中近远特写等镜头）、画面描述、对话台词（包括人物对话时的动作、语言、神态等，越详细越好）、背景音乐”，单击输入框右侧的发送按钮▶，ChatGPT会给出表格形式的脚本，部分展示如图5所示。可以看出，ChatGPT提炼了剧本中的精华内容，并按照脚本的要求创作了脚本，可以为剧本拍摄提供参考。

好的，以下是将修改后的悬疑故事转化为短视频脚本的内容：

分镜序号	景别	画面描述	对话台词	背景音乐
1	特写	一双眼睛在黑暗中闪烁着绿色的光芒。	无	悬疑气氛音乐
2	近景	十位陌生人一个个收到神秘的邀请，表情疑惑。	无	神秘音效
3	中景	十位陌生人在茂密的山脉中，走进庞大的别墅，迷雾笼罩着周围。	无	紧张气氛音乐
4	特写	十位陌生人在别墅内的客厅坐在一起，各自看着邀请函，表情紧张。	无	悬疑气氛音乐
5	特写	中年管家迎接众人，表情恭敬。	管家：各位先生、女士们，欢迎来到这里。请进，晚餐已准备好。	悬疑气氛音乐
6	中景	众人围坐在桌旁，各自自我介绍。	杰森：我是杰森，作家。	轻快钢琴音乐
7	中景	莉莉：我是莉莉，古董收藏家。	无	轻快钢琴音乐
8	中景	詹姆斯：我是詹姆斯，企业家。	无	轻快钢琴音乐
9	特写	迷雾越来越浓密，灯光闪烁。	无	悬疑气氛音乐
10	特写	中年管家突然消失，众人惊慌。	无	悬疑气氛音乐
11	特写	第二天早晨，莉莉失踪。桌上出现写着"第一个离开的人是谁？"的纸条。	无	悬疑气氛音乐
12	近景	众人互相猜测，对峙紧张。	詹姆斯：我昨晚一直在自己房间，我没动。	紧张气氛音乐
13	中景	杰森：我也是，我在自己房间写作，没有离开过。	紧张气氛音乐	
14	特写	迷雾外的树叶飘零。	无	悬疑气氛音乐
15	中景	众人开始分成小组，调查真相。	众人：你是谁？你有没有看到什么？	紧张气氛音乐

图 5　ChatGPT 给出表格形式的脚本部分展示

★ 温 馨 提 示 ★

　　如果大家还想学习更多 AI 进行内容创作的方法，可以看看《ChatGPT AI 文案写作从入门到精通》（化学工业出版社）这本书，帮助你学会掌握更多 AI 文案写作技巧。另外，AI 相关的书籍，如《人工智能 AI 绘画从入门到精通：脚本＋绘画＋摄影＋电商广告制作》《AI 绘画师：文案、图片到视频制作从入门到精通》等可以满足你学习 AI 工具、AI 绘画、AI 短视频的制作，紧跟科技潮流的发展。